CORAZONES CONECTADOS

Guía Práctica para Proteger y Guiar a la Familia en la Era Digital

Carlos Andrés Jaramillo Villegas

CORAZONES CONECTADOS

Guía Práctica para Proteger y Guiar a la Familia en la Era Digital

CORAZONES CONECTADOS
Guía Práctica para Proteger y Guiar a la Familia en la Era Digital

Publicado y distribuido por:
New Master Solutions LLC
New Jersey, Estados Unidos.

ISBN : 979-8-9965809-1-0

Edición y maquetación: Carlos Andrés Jaramillo Villegas

Las citas bíblicas utilizadas en esta obra, a menos que se indique lo contrario, han sido tomadas de la versión Reina-Valera 1960 (RVR1960).

Impreso en los Estados Unidos de América / Printed in the United States of America.

A mi amada esposa, Sandra, mi gran ayuda idónea, un regalo que de parte de Dios llegó a mi vida.

A mis hermosos hijos, Juan Sebastián y Violeta: este libro es, en esencia, la arquitectura de un pacto de amor por y para ustedes.

A la memoria de mi madre, Alix, quien sembró en mi alma las primeras semillas de la eternidad.

Y a mi hermana, María Elena, por ser el primer eco de la gracia de Dios en mi caminar.

Contenido

Introducción

Criar a un hijo en el siglo XXI es, sin lugar a dudas, uno de los desafíos más complejos y trascendentales a los que nos podemos enfrentar. Vivimos en una época de hiperconectividad sin precedentes, donde el mundo entero cabe en la palma de la mano de nuestros jóvenes. Sin embargo, en medio de esta revolución tecnológica, nos encontramos con una paradoja dolorosa: *nunca antes habíamos estado tan conectados digitalmente, y nunca antes habíamos experimentado tanta desconexión emocional en nuestros propios hogares.*

Los datos recientes revelan un panorama que exige nuestra atención pastoral y técnica inmediata. Las estadísticas demuestran que los niños en edades comprendidas entre los 8 y los 12 años pasan una media de 4 a 6 horas diarias frente a una pantalla, cifra que asciende drásticamente hasta las 9 horas diarias en el caso de los adolescentes. Estamos presenciando una crisis de salud mental sin precedentes, directamente correlacionada con este nivel de exposición y con la naturaleza del contenido que consumen. En medio de este escenario, es imperativo recordar que *el corazón de un hijo fue diseñado con un propósito fundamental y divino: conectarse profundamente con el corazón de sus padres.*

Como nos recuerda la Escritura en el Salmo 127:3, *"Herencia de Jehová son los hijos; Cosa de estima el fruto del vientre"*. Cada niño es un regalo sagrado, una vida eterna confiada a nuestro cuidado terrenal y espiritual. Pero hoy en día, esa conexión natural e indispensable está bajo un asedio constante.

La Epidemia de los "Huérfanos Digitales"

Nos enfrentamos a una realidad donde el adolescente promedio pasa *más de 7 horas diarias inmerso en pantallas, mientras que el tiempo de conversación significativa con sus padres se ha reducido a escasos 7 minutos al día*. Esta asimetría brutal no es producto de una falta de amor intrínseca en nuestras familias, sino el resultado de un ecosistema digital diseñado intencionalmente para capturar y retener la atención de las mentes más vulnerables.

En el ámbito de la psicología y la neurociencia del desarrollo, especialistas como Gordon Neufeld y el Dr. Gabor Maté han identificado un fenómeno silencioso y destructivo: la proliferación de los *"huérfanos digitales"*. Se trata de niños que tienen padres presentes físicamente en el hogar, pero que están crónicamente ausentes a nivel emocional. El Dr. Leonard Sax utiliza un término igualmente confrontador para describir a estos adultos: los *"Padres Fantasma"*. Son cuidadores que habitan la misma casa, pero cuya atención es secuestrada incesantemente por la luz, el sonido y el movimiento de sus propios dispositivos, dejando a sus hijos en un vacío relacional.

El cerebro humano opera bajo un principio neurológico ineludible: *use it or lose it (lo usas o lo pierdes)*. Si nosotros, como padres, perdemos el hábito de mirar a nuestros hijos a los ojos, de escucharlos con atención plena y de modelar el dominio propio, inevitablemente perderemos la capacidad y la autoridad moral para moldear su carácter. *No podemos pastorear el alma de un joven si nuestra propia mente reside en un altar digital.*

El Propósito de este libro Guía: Recuperando el Liderazgo

Este libro, Corazones Conectados, nace de una necesidad apremiante y urgente: la de dotar a los padres de las herramientas prácticas, el conocimiento neurocientífico y la perspectiva moral necesarios para recuperar el liderazgo en la vida de sus hijos. A lo largo de mi trayectoria, combinando la educación, el desarrollo de software y el trabajo diario con mi familia, he comprobado que la tecnología en sí misma no es el enemigo absoluto; *el verdadero peligro que amenaza a nuestra juventud es el corazón desconectado.*

El objetivo principal de estas páginas es equiparte para cumplir un mandato vital, pastoral y profético: *volver el corazón de los padres hacia los hijos*. Dios nos llama en este tiempo a levantarnos con la sabiduría del Espíritu Santo, teniendo la valentía inquebrantable para convertir el corazón de los padres a los hijos y enseñar a los rebeldes la prudencia de los justos (Lucas 1:17). Para lograr esta restauración profunda, no basta simplemente con apagar el router en un momento de ira o confiscar los teléfonos de forma drástica. Necesitamos una estrategia integral y compasiva que abarque la mente, el alma y la infraestructura técnica de nuestro hogar.

Nuestra Hoja de Ruta Estratégica

En este documento encontrarás una brújula diseñada meticulosamente para llevarte desde la concientización hasta la acción transformadora:

- **Comprender la batalla:** Exploraremos la neurociencia detrás del diseño adictivo de las redes sociales y los videojuegos, desmitificando por qué a nuestros hijos les cuesta tanto desconectarse físicamente y emocionalmente. Entender la compleja arquitectura de estas plataformas nos libera de la culpa paralizante y nos permite actuar con verdadera empatía pastoral.
- **Sanar el vínculo:** Antes de implementar cualquier filtro digital o regla restrictiva, debemos restaurar la conexión humana y el apego seguro. Abordaremos cómo sanar las heridas emocionales derivadas de la negligencia digital, entender los tipos de apego, y fomentar un entorno donde nuestros hijos se sientan verdaderamente vistos, comprendidos y amados por lo que son, no por sus perfiles virtuales. Cada momento que elegimos la presencia sobre la pantalla es un ladrillo que construye un vínculo para toda la vida.
- **Desplegar la "Cerca de Amor" técnica:** Te guiaremos paso a paso, sin necesidad de ser un experto en informática, en la implementación de una arquitectura de ciberseguridad familiar robusta, basada en el principio de "Defensa en Profundidad". Desde

configurar filtros a nivel de red para proteger el perímetro del hogar, hasta instalar software inteligente basado en valores que acompañe a tus hijos en sus propios dispositivos, protegiéndolos de depredadores, ideologías nocivas y material explícito.

- **Establecer un legado:** Finalmente, transformaremos la teoría psicológica y técnica en rutinas familiares sostenibles y vivificantes. Aprenderemos a modelar hábitos digitales saludables desde el liderazgo adulto, a crear acuerdos basados en el respeto mutuo y a fomentar experiencias analógicas que nutran el carácter, la empatía y la fe de nuestros hijos.

Nuestra Filosofía de Acompañamiento y la Lección de Elí

A lo largo de los próximos capítulos, te invitamos a adoptar una postura de gracia y firmeza inquebrantable. Sentir miedo, angustia o frustración frente a la tecnología inmersiva que consumen tus hijos es completamente válido, pero no podemos permitir bajo ninguna circunstancia que el miedo dicte nuestra crianza. Como guías espirituales de la próxima generación, nuestro deber supremo no es aislar a nuestros hijos del mundo en una burbuja de cristal, sino prepararlos tenazmente para navegarlo con discernimiento, valores sólidos y un carácter forjado en el amor de Dios.

La Palabra de Dios nos presenta una advertencia solemne y directa en la historia del sacerdote Elí, una lección que resuena con fuerza en la era digital. A pesar de servir a Dios, el Señor pronunció un juicio severo sobre su familia: *"Aquel día yo cumpliré contra Elí todas las cosas que he dicho sobre su casa... Y le mostraré que yo juzgaré su casa para siempre, por la iniquidad que él sabe; porque sus hijos han blasfemado a Dios, y él no los ha estorbado".*

El pecado de Elí fue el pecado de omisión. Él "sabía" el mal que sus hijos estaban consumiendo y practicando, pero eligió la pasividad; él no los "estorbó". Hoy en día, como padres, "sabemos" el daño que la sobreexposición digital, la pornografía, el ciberacoso y las ideologías destructivas causan en el alma de nuestra familia. No podemos darnos el lujo de ser observadores pasivos. El amor verdadero, a los ojos de Dios, interviene. El amor genuino "estorba" el camino hacia la destrucción estableciendo cercas de protección, disciplina y gracia.

Te invito a leer este Libro con el corazón abierto, las rodillas dobladas en oración y la mente dispuesta. No estás solo en este inmenso esfuerzo. A través de la ciencia, la empatía, el conocimiento técnico y los principios eternos de nuestra fe, tenemos el poder y la autoridad para recuperar nuestros hogares. Prepárate para dar el primer paso valiente; *el corazón de tu hijo te está esperando.*

Capítulo 1. Una batalla Asimétrica

Comenzar este camino requiere una dosis profunda de valentía y honestidad. Como padres, a menudo nos sentimos abrumados, juzgados o inmensamente culpables cuando vemos a nuestros hijos absortos frente a una pantalla brillante y aislados en su propio mundo virtual. Es fundamental que, antes de avanzar en las estrategias de este libro, respiremos profundo y entendamos una verdad liberadora pero confrontadora: *la desconexión que presenciamos en nuestros hogares no es un fracaso exclusivo de nuestra crianza. Nos enfrentamos a la maquinaria de persuasión psicológica más sofisticada que la humanidad haya creado jamás.*

No estamos en igualdad de condiciones; estamos librando una batalla asimétrica por la mente, el corazón y el alma de nuestros hijos. Este primer capítulo está diseñado para correr el velo de la industria tecnológica. No podemos combatir a un adversario que no comprendemos en su totalidad. Al conocer las tácticas de diseño, los precedentes legales y las amenazas reales que acechan detrás de la pantalla, pasaremos de la culpa paralizante a la acción empoderada y pastoral.

1.1 La competencia por la atención y el secuestro neurológico

Si queremos medir la salud espiritual y emocional de nuestras relaciones familiares, basta con observar hacia dónde se dirige nuestra atención diaria. Las estadísticas contemporáneas revelan una asimetría que debería sacudirnos hasta lo más profundo. Los estudios documentan un contraste devastador: *un adolescente promedio pasa más de 7 horas diarias sumergido en un flujo incesante de estímulos digitales. En contraposición, el tiempo promedio que un padre pasa en una conversación real, significativa y sin interrupciones con su hijo es de apenas 7 minutos al día.*

Esta disparidad abismal de "siete horas contra siete minutos" no ocurre por una falta intrínseca de amor en las familias, sino por la invasión de lo que podemos llamar el "altar digital". *El altar digital se manifiesta sutilmente cuando la pantalla recibe nuestra primera mirada al despertar y nuestra mejor energía al final del día, desplazando la conexión humana.* Hemos dado a luz un fenómeno silencioso y doloroso: los "huérfanos digitales". Estos son *niños que crecen con padres físicamente presentes en la misma sala, pero que operan como "padres fantasma", emocionalmente ausentes y secuestrados por sus propios dispositivos.*

Para comprender por qué la pantalla es tan cautivadora, debemos acudir a la neurociencia. El cerebro humano, especialmente el de un niño o adolescente, es inmaduro y se desarrolla desde la parte posterior hacia la parte frontal. Al nacer, el cerebro reacciona instintivamente a tres estímulos básicos para su supervivencia: *la luz, el sonido y el movimiento*. Aplicaciones como TikTok recrean artificialmente esta tríada de manera constante. Es un bombardeo incesante que "secuestra" la atención desde el exterior.

El peligro neurológico radica en la corteza prefrontal, el "centro de mando" del cerebro encargado de la concentración, la resolución de problemas, el control de impulsos y la fuerza de voluntad. *Cuando el cerebro se hiperestimula pasivamente desde afuera, pierde la capacidad de funcionar de forma interna; la neurociencia lo define bajo el principio de "úsalo o piérdelo".* Al entregarles pantallas para calmar su aburrimiento o estrés, frenamos el desarrollo de su fuerza de voluntad, creando una generación frágil, dependiente de la emoción constante y con una nula tolerancia a la frustración.

A la luz de la Escritura, Jesucristo advirtió claramente: *"Ninguno puede servir a dos señores"* (Mateo 6:24). No podemos pastorear el corazón de un hijo si nuestra mente, o la de ellos, está subordinada a la próxima notificación. La sanidad del vínculo comienza por reconocer que la atención es la moneda más valiosa del amor; donde está nuestra atención, allí está nuestro corazón.

1.2 El modelo de negocio de la industria: Fabricantes de adicción

Existe un mito persistente y peligroso que sugiere que la adicción a las redes sociales es un "accidente" o un simple efecto secundario del avance tecnológico. Los documentos internos filtrados y los testimonios recientes en cortes judiciales demuestran una realidad mucho más siniestra: *el negocio más rentable de Silicon Valley son nuestros hijos.*

Las plataformas no cobran una membresía monetaria porque el producto que venden es el tiempo, la atención y la privacidad de los menores. Este modelo de negocio requiere retener al usuario frente a la pantalla a toda costa. *Un alto ejecutivo de Netflix confesó en una entrevista que su principal competidor en el mercado no eran otras plataformas, sino "el sueño" de las personas.* De igual manera, uno de los cofundadores de Facebook reconoció públicamente que la plataforma fue creada con el propósito explícito de *"generar adictos"*.

Esta adicción es impulsada por la dopamina, la hormona cerebral vinculada a la anticipación y el placer. Las redes sociales integran algoritmos de recompensas variables (como el *scroll infinito*), diseñados bajo la misma lógica psicológica que las máquinas tragamonedas de los casinos. Este diseño somete a los jóvenes a recibir una media de 237 notificaciones diarias, provocando un chispazo constante de dopamina que termina alterando su sistema natural de recompensa.

La industria conoce el daño que perpetra. En los tribunales, se expusieron documentos internos donde los propios empleados admitían: *"IG [Instagram] es una droga... básicamente somos dealers".* Más aterrador aún fue el testimonio de Arturo Béjar, exdirector de ingeniería, quien advirtió a la cúpula directiva que su algoritmo era tan eficiente conectando intereses, que *"si tu interés son las niñas pequeñas, será muy bueno conectándote con niñas pequeñas"*. Las encuestas internas que Béjar presentó revelaban que casi el 20% de los menores de 13 a 15 años habían sido expuestos a desnudos en la última semana, y un 13% había recibido insinuaciones sexuales. La respuesta corporativa ante estas cifras alarmantes fue la inacción total.

El rey Salomón nos instruyó con sabiduría divina: *"Sobre toda cosa guardada, guarda tu corazón; porque de él mana la vida"* (Proverbios 4:23). El ecosistema digital actual es un asedio directo a esta muralla espiritual. *Las corporaciones han diseñado llaves algorítmicas para saltar las defensas del corazón de nuestros jóvenes, comercializando sus impulsos y debilidades. Como padres, no podemos ser ingenuos ante un sistema que monetiza la destrucción de la inocencia.*

1.3 Precedentes legales e impacto epidemiológico

Afortunadamente, el secretismo corporativo ha comenzado a resquebrajarse. Estamos presenciando un punto de inflexión histórico, comparable a los juicios contra las grandes tabacaleras en los años noventa, donde quedó en evidencia pública que las corporaciones conocían el daño letal de sus productos y eligieron sus ganancias por encima de la vida humana.

En febrero de 2026, un jurado en Los Ángeles emitió un veredicto histórico en el caso de una joven (K.G.M.), determinando que corporaciones como Meta y YouTube fueron negligentes al diseñar productos clínicamente adictivos que le causaron daños personales severos. La demandante, quien comenzó a usar redes sociales a los 6 años, desarrolló dismorfia corporal profunda al intentar enmascarar sus inseguridades bajo los filtros de belleza promovidos por la plataforma. *El jurado ordenó a las empresas el pago de indemnizaciones millonarias, validando la teoría legal de que el problema no es la libertad de expresión, sino el diseño inherentemente perjudicial del producto.*

La crisis ya no es solo legal, es una epidemia de salud pública. El Cirujano General de Estados Unidos, Vivek Murthy, emitió una advertencia oficial declarando que *los adolescentes que pasan más de tres horas diarias en redes sociales enfrentan el doble de riesgo de padecer síntomas clínicos de depresión y ansiedad.* Si consideramos que el promedio actual de uso ronda las 4.8 horas diarias, con casi la mitad de los adolescentes conectados "casi constantemente", la magnitud del daño es catastrófica.

Las diferencias de género exigen nuestra atención pastoral. *Las niñas sufren una erosión drástica en su autoestima y percepción corporal* (con un 46% admitiendo que las redes empeoran su imagen). Por el contrario, el 12% de *los niños varones se encuentra en riesgo clínico de desarrollar trastornos adictivos asociados a los videojuegos*, donde dinámicas como el *trolling* constante exacerban el aislamiento, el estrés y la ideación suicida.

Ante este clamor, la comunidad internacional ha comenzado a tomar medidas drásticas. En diciembre de 2025, Australia implementó la primera prohibición mundial de redes sociales para menores de 16 años, desactivando millones de cuentas en semanas. España y Francia anunciaron medidas penales similares. Sin embargo, la legislación terrenal siempre llegará tarde. La Palabra nos exhorta: *"No os conforméis a este siglo, sino transformaos por medio de la renovación de vuestro entendimiento"* (Romanos 12:2). El Estado no salvará a nuestros hijos; el rescate espiritual y emocional es una tarea delegada por Dios exclusivamente a los padres.

1.4 La escalada de nuevas amenazas: Inteligencia Artificial y Sextorsión

Mientras los tribunales debaten responsabilidades pasadas, la tecnología ha mutado hacia amenazas hiperaceleradas con la llegada de la Inteligencia Artificial (IA) generativa. Los peligros tradicionales del ciberespacio han evolucionado, creando un campo minado que los padres de hace una década jamás imaginaron.

En un margen de tan solo unas semanas entre 2025 y 2026, un solo *chatbot* de IA integrado en una red social generó más de 3 millones de imágenes sexualizadas; alarmantemente, cerca de 23,000 de ellas representaban a menores de edad. El Centro Nacional para Niños Desaparecidos y Explotados (NCMEC) reportó que los casos de material de abuso infantil generado por inteligencia artificial experimentaron un incremento brutal, disparándose de 6,835 reportes a más de 440,000 en apenas seis meses.

Paralelamente, la extorsión sexual financiera (*sextorsión*) ha alcanzado niveles de tragedia epidémica. Depredadores organizados en redes criminales perfilan a jóvenes vulnerables, ganan su confianza y los manipulan hacia interacciones íntimas de alto riesgo. La velocidad es aterradora: el tiempo promedio para llevar a un menor a una conversación de extremo peligro es de tan solo 45 minutos desde el primer mensaje, y existen casos documentados policialmente que ocurrieron en apenas 19 segundos. El peso de la vergüenza y el terror ha empujado a docenas de adolescentes, especialmente varones, al suicidio al no saber cómo pedir ayuda a sus padres.

La Escritura nos revela la naturaleza profunda de este conflicto: *"Porque no tenemos lucha contra sangre y carne, sino contra principados, contra potestades, contra los gobernadores de las tinieblas de este siglo"* (Efesios 6:12). La batalla tecnológica es, en su núcleo, una guerra espiritual. El enemigo utiliza la sofisticación del código y el anonimato de la red para robar la inocencia, matar la paz mental y destruir el propósito divino en nuestra juventud. Frente a estos "dardos de fuego" digitales, nuestra pasividad no es una opción; es una sentencia.

1.5 El Juicio de la Casa de Elí: Una advertencia ineludible

Para comprender la gravedad de nuestro rol protector, debemos mirar el crudo retrato del sacerdote Elí en el Antiguo Testamento. Elí era un líder religioso, un hombre que conocía a Dios y servía en el tabernáculo. Sin embargo, su familia fue objeto de uno de los juicios más severos registrados en la Escritura. Dios pronunció sentencia diciendo:

> *"Aquel día yo cumpliré contra Elí todas las cosas que he dicho sobre su casa, desde el principio hasta el fin. Y le mostraré que yo juzgaré su casa para siempre, por la iniquidad que él sabe; porque sus hijos han blasfemado a Dios, y él no los ha estorbado."* (1 Samuel 3:12-13).

El pecado que condenó a la casa de Elí no fue que él mismo cometiera actos de perversión, sino su *pecado de omisión.* Él "sabía" la iniquidad que ocurría bajo su techo, observaba la profanación que sus hijos cometían, pero eligió la comodidad de la inacción: *"no los estorbó"*. No se interpuso en su camino hacia la destrucción. Hoy en día, muchos padres cristianos corremos el inminente riesgo de repetir la historia de Elí. Vemos los frutos de la ansiedad, el aislamiento, la irritabilidad extrema y la exposición a valores contrarios al Evangelio que la pantalla siembra en nuestros hijos. "Sabemos" el daño que la cultura hipersexualizada y consumista está causando en su identidad. Pero *por temor al conflicto, por agotamiento diario o por nuestra propia adicción a las pantallas, decidimos "no estorbarlos"*. Preferimos mantener una paz superficial en el hogar a cambio de entregar sus mentes al discipulado de los algoritmos. *Como coautores de la vida de nuestros hijos, Dios nos llama a ser un muro de contención amoroso, a estorbar el paso del mal con firmeza, gracia y valentía, estableciendo una muralla moral y tecnológica que salvaguarde su eternidad.*

Reflexión Práctica a la Luz de la Palabra

Te invito a que tomes unos minutos en silencio, pidas la dirección del Espíritu Santo y respondas con honestidad en tu corazón a las siguientes preguntas:

1. **El Altar de tu Atención:** Evaluando con sinceridad tus rutinas, ¿quién o qué recibe la "primicia" de tu mirada al despertar y de tu tiempo de descanso? ¿Estás modelando ante tus hijos que la conexión con Dios y con la familia es superior a la conexión digital? *(Mateo 6:24)*
2. **El Síndrome de Elí:** ¿Hay áreas en la vida digital de tus hijos dónde has elegido "mirar hacia otro lado" por miedo a sus rabietas o por evitar un conflicto en casa? ¿En qué momento específico necesitas levantarte con amor pastoral para "estorbar" aquello que está dañando su alma? *(1 Samuel 3:13)*
3. **El Refugio Emocional:** Sabiendo que las redes sociales fabrican adicción a través de la dopamina y la aprobación vacía, ¿qué entorno estás creando en tu hogar para que tus hijos encuentren aceptación incondicional, pertenencia y gozo verdadero sin necesidad de una pantalla? *(Proverbios 4:23)*

Capítulo 2. Neurociencia, pantallas y el "Efecto TikTok"

Comprender el comportamiento de nuestros hijos en la era digital requiere que los padres estemos dispuestos a mirar mucho más allá de la superficie. Cuando vemos a un adolescente irritable, desafiante o iracundo porque le pedimos que apague el celular, o a un niño pequeño inmerso en una rabieta desproporcionada porque le quitamos la tableta, nuestra primera reacción humana suele ser la frustración. Es muy fácil, y a la vez injusto, etiquetarlos apresuradamente como "rebeldes" o "desobedientes".

Sin embargo, para pastorear y guiar a nuestra familia con la empatía de Cristo y con verdadera efectividad, debemos entender que no estamos ante un simple problema de disciplina, sino frente a un fenómeno neurológico profundo y devastador. *La tecnología moderna, y en particular las plataformas de videos cortos como TikTok, Instagram Reels o YouTube Shorts, no solo están cambiando lo que nuestros hijos hacen; están alterando físicamente cómo se desarrollan, cómo sienten y cómo funcionan sus cerebros.*

En este capítulo, desentrañaremos la intrincada biología detrás de la adicción a las pantallas. *El objetivo es que puedas mirar a tu hijo con una nueva lente de misericordia: no como un adversario en una batalla campal, sino como un individuo cuyo cerebro, aún inmaduro y en formación, ha sido literalmente secuestrado por una industria multimillonaria que no tiene piedad de su alma.*

2.1 El secuestro del cerebro inmaduro: Luz, sonido y movimiento

Para ilustrar el inmenso poder de las pantallas, permíteme compartirte la historia de un abogado de 65 años, un hombre culto, estudioso, acostumbrado a leer densos tomos de geopolítica y derecho, que acudió desesperado a la consulta de una reconocida psiquiatra. Su queja era aterradora: *"¿Qué le está pasando a mi cerebro? Llego a casa por la noche, y en lugar de leer, me veo con mi tablet viendo a gente bailar en TikTok durante horas. ¿He perdido la cabeza? ¿Me estoy demenciando?"*.

Si una aplicación es capaz de doblegar la fuerza de voluntad de un hombre adulto con un cerebro completamente maduro y disciplinado, ¿qué oportunidad tiene un niño de 8 años o un adolescente de 14 frente a esa misma pantalla? Absolutamente ninguna.

Para entender este secuestro, debemos retroceder a la biología fundamental. El cerebro de un bebé es extraordinariamente inmaduro y, por puro instinto de supervivencia, reacciona de manera automática a tres estímulos básicos en su entorno: la luz, el sonido y el movimiento. Si pasa una luz brillante, el niño gira la cabeza; si hay un ruido fuerte o algo se mueve rápido, su atención es capturada de inmediato. Es un reflejo primario diseñado por Dios para mantenerlo a salvo y alerta en su entorno físico.

¿Qué hacen las plataformas de videos cortos y los videojuegos hiperestimulantes? Recrean artificialmente esta tríada exacta, pero a una velocidad vertiginosa. *Al poner un teléfono frente a un niño, le estamos entregando una ráfaga constante, intensa y aleatoria de luz, sonido y movimiento. La atención del menor es literalmente "secuestrada" desde el exterior; no requiere de ningún esfuerzo interno para mantenerse enfocado, porque la pantalla y el algoritmo hacen todo el trabajo por él.*

La neurociencia nos advierte sobre un principio biológico implacable: *use it or lose it* (úsalo o piérdelo). *Cuanto más dependemos de un estímulo externo, más atrofiamos nuestra capacidad interna.* Al igual que el uso constante del GPS merma nuestra capacidad natural de orientación espacial, el uso de pantallas como "chupetes emocionales" para que el niño coma o no llore atrofia la maquinaria interna que le permite sostener la atención, tolerar la espera y calmarse a sí mismo.

A la luz de la Palabra, esto tiene un impacto espiritual catastrófico. Las Escrituras nos enseñan que Dios rara vez habla en el trueno ensordecedor o en el fuego deslumbrante; Él suele manifestarse en el *"silbo apacible y delicado" (1 Reyes 19:12). Si el cerebro de nuestros hijos pierde la capacidad de tolerar la quietud y la falta de estímulos externos, estamos criando una generación biológicamente incapacitada para escuchar la voz de Dios en el silencio de la oración.*

2.2 La dopamina y el circuito de recompensa: El drogodependiente emocional

El motor bioquímico que impulsa este secuestro tiene un nombre: *dopamina. Comúnmente conocida como la hormona del placer, la dopamina es en realidad la hormona de la anticipación, la motivación y la recompensa. Es la sustancia química que nos impulsa a buscar cosas que nos benefician, ya sea comer, abrazar a un ser querido o alcanzar una meta tras un largo esfuerzo.*

Las redes sociales han perfeccionado y patentado el arte de "hackear" este sistema sagrado. *Plataformas como TikTok operan bajo una arquitectura de "recompensa variable", un diseño psicológico idéntico al de las máquinas tragamonedas en los casinos.* Cuando un joven desliza el dedo hacia arriba (el *scroll infinito*), su cerebro no tiene idea de qué va a aparecer. Esa dosis empaquetada de información breve inyecta incertidumbre, lo cual dispara picos masivos y artificiales de dopamina en una fracción de segundo. Todo ocurre uno tras otro, sin pausas, sin piedad. De hecho, expertos en psiquiatría han solicitado a estas corporaciones que incluyan una simple pausa de 5 segundos entre video y video para permitir al usuario reflexionar; pero esto no lo implementarían directamente estas industrias porque *"Perderían dinero"*.

Este bombardeo constante de estímulos en una pantalla tiene un costo altísimo. El cerebro humano no está diseñado para soportar inundaciones de dopamina de forma ininterrumpida. Para protegerse de esta sobreestimulación, el cerebro de tu hijo comienza a "apagar" o insensibilizar sus propios receptores de dopamina. Al saturarse, las actividades normales de la vida real (una cena en familia, leer la Biblia, salir al parque o hacer la tarea) dejan de producir satisfacción. Todo lo que no sea la pantalla se vuelve gris, insoportablemente lento y deprimente.

Esto da lugar a lo que los expertos denominan el *"drogodependiente emocional". Un joven que vive con el sistema de recompensa alterado necesita sentir algo constantemente. Cuando llega el aburrimiento, o peor aún, cuando llega el estrés, el enojo o la frustración natural de la vida, no tiene mecanismos internos para gestionarlo; su primer y único instinto es buscar el teléfono para obtener un "hit" químico que alivie su angustia.*

El profeta Jeremías ilustró magistralmente esta tragedia humana: *"Porque dos males ha hecho mi pueblo: me dejaron a mí, fuente de agua viva, y cavaron para sí cisternas, cisternas rotas que no retienen agua" (Jeremías 2:13). Las pantallas son las cisternas rotas de esta generación. Ofrecen un alivio momentáneo e inmediato a la ansiedad o al aburrimiento, pero la dopamina cae tan rápido como sube, dejando un vacío más profundo y una sed insaciable que solo el consuelo del Espíritu Santo y el abrazo de un hogar amoroso pueden saciar verdaderamente.*

2.3 El desarrollo de la corteza prefrontal y el valor sagrado de la pausa

Todo este caos químico golpea directamente al área más crítica y vulnerable del cerebro de nuestros hijos: *la corteza prefrontal. Ubicada en la parte delantera de la cabeza, esta zona es la "directora ejecutiva" de la mente. Es la encargada de las funciones que nos hacen humanos y racionales: la capacidad de prestar atención sostenida, la resolución de problemas complejos, el control de los impulsos y, fundamentalmente, la fuerza de voluntad para posponer una recompensa inmediata por un bien mayor.*

El gran desafío biológico para los padres es que *la corteza prefrontal es la última área del cerebro en madurar, terminando su desarrollo cerca de los 25 años.* Cuando inundamos a una generación con gratificación instantánea constante, estamos alterando directamente su maduración neurológica.

El resultado es una generación con una nula tolerancia a la frustración. Porque si el cerebro se acostumbra a que todo deseo se satisface con solo deslizar un dedo, cualquier obstáculo real los hará quebrarse emocionalmente. Además, las pantallas están erradicando algo sagrado en el desarrollo humano: la pausa y el aburrimiento. Nadie ha descubierto nada grandioso ni ha escuchado su propio corazón en medio de una hiperestimulación frenética. Es en los momentos de pausa, en el viaje aburrido en autobús o en la sala de espera, donde el cerebro infantil fomenta la creatividad, procesa sus emociones y reflexiona sobre su identidad.

El fruto del Espíritu Santo incluye la *"templanza"* o dominio propio (Gálatas 5:22-23), qué es exactamente la función de una corteza prefrontal sana. Cuando permitimos que un dispositivo dicte cuándo, cómo y qué siente nuestro hijo, le estamos arrebatando el dominio propio. Dios mismo instituyó el Día de Reposo no porque Él estuviera cansado, sino porque sabía que el alma humana necesita detenerse para recordar quién es su Creador. *Al llenar cada microsegundo de la vida de nuestros hijos con estímulos digitales, les estamos robando su capacidad de detenerse y conocerse a sí mismos.*

2.4 La crisis epidemiológica de salud mental: Datos que claman por acción

La neurociencia nos explica el "por qué", pero los datos epidemiológicos actuales nos muestran la cruda y dolorosa realidad del "qué" está sucediendo en las habitaciones de nuestros hijos. La alteración de estos circuitos ha desembocado en una crisis de salud pública que no tiene precedentes documentados.

Las advertencias oficiales son claras. Los menores que dedican más de tres horas diarias a las redes sociales se enfrentan al doble de riesgo de desarrollar síntomas agudos de depresión y ansiedad. Sin embargo, la realidad supera con creces este límite: los adolescentes promedian hoy 4.8 horas diarias, con un uso total de pantallas que puede alcanzar las 9 horas. El 46% de los adolescentes admite estar conectado "casi constantemente". Un estudio de Common Sense Media reveló que los adolescentes reciben una mediana de 237 notificaciones diarias, y el 59% utiliza su teléfono entre la medianoche y las 5 de la mañana en noches de colegio, destruyendo su descanso físico y mental.

Peor aún, los algoritmos carecen por completo de ética. En su afán por personalizar el contenido y retener al usuario, el algoritmo detecta las debilidades más oscuras del alma humana y las amplifica. Periodistas de investigación han documentado cómo, al mostrar un ligero interés en temas de tristeza o pérdida de peso, plataformas como TikTok comenzaron a bombardear perfiles de jóvenes con videos de dietas restrictivas extremas, cuchillas y autolesiones.

El impacto de esta hiperconectividad presenta marcadas diferencias de género que los padres debemos vigilar con extrema diligencia:

- **El vector de riesgo en las niñas (Imagen y Redes Sociales):** Las adolescentes reportan niveles significativamente más altos de uso adictivo de redes sociales (13% frente al 9% en niños). El 46% afirma categóricamente que estas plataformas empeoran su percepción de la imagen corporal. La comparación constante y los filtros irreales mienten sobre su valor. La Biblia nos advierte: *"Engañosa es la gracia, y vana la hermosura; la mujer que teme a Jehová, ésa será alabada"* (Proverbios 31:30). Las redes sociales han invertido esta verdad, convenciendo a nuestras hijas de que su valor reside en una perfección inalcanzable.

- **El vector de riesgo en los niños (Videojuegos y Aislamiento):** Para los varones, la principal amenaza reside en los ecosistemas de videojuegos multijugador. Un 34% juega a diario, y los datos clínicos señalan que el 12% se encuentra en altísimo riesgo de desarrollar un trastorno de adicción. Además, la interacción a través del "trolling" (humillación constante) induce un estrés crónico y un aislamiento severo. Como dice la Escritura: *"Su deseo busca el que se desvía, y se entremete en todo negocio"* (Proverbios 18:1). Al aislarse en mundos virtuales, los jóvenes huyen de la verdadera comunidad y de la resolución bíblica de conflictos, enfrentando en soledad ideaciones oscuras y depresivas.

Padres, conocer esta información biológica y estadística es el primer paso para la liberación y la compasión. *Su hijo no es un "mal hijo" por no poder soltar el teléfono; es un joven librando una batalla bioquímica colosal, con una corteza prefrontal inmadura, contra una industria experta en aprovecharse de su vulnerabilidad.* Ahora que entendemos la magnitud del desafío, estamos listos para explorar nuestra mejor arma de restauración en el siguiente capítulo: la sanidad del vínculo afectivo en el hogar.

Reflexión Práctica a la Luz de la Palabra

Te invito a apartar tu mirada de cualquier distracción, pedir sabiduría al Padre Celestial y confrontar tu realidad familiar respondiendo a estas preguntas de introspección:

1. **La atrofia de la quietud:** Evalúa sinceramente el ambiente de tu hogar. ¿Con qué frecuencia tú o tus hijos utilizan una pantalla simplemente para "no aburrirse" o para evadir una emoción incómoda como el enojo o la tristeza? ¿Estamos permitiendo que el ruido digital apague el "silbo apacible" donde Dios consuela y guía nuestras vidas?
2. **El dominio propio y la gratificación:** Sabiendo que la capacidad de tolerar la frustración se forma cuando no cedemos a lo inmediato, ¿en qué momentos de la rutina diaria estás cediendo a entregar una pantalla solo para evitar una queja o un berrinche? ¿Cómo puedes comenzar hoy a modelar y enseñar el *dominio propio* (Gálatas 5:22) frente a la tecnología?
3. **El refugio de su identidad:** Frente al bombardeo de algoritmos que dictan cómo deben verse tus hijas o que aíslan a tus hijos varones en mundos virtuales, ¿qué palabras de afirmación, verdad bíblica y valor eterno estás sembrando proactivamente en sus corazones para que no tengan que mendigar aceptación en una red social?

Capítulo 3. El vínculo familiar como primera línea de defensa

Después de comprender la avalancha neurológica, el diseño adictivo y las estrategias corporativas que enfrentan nuestros hijos, es natural sentir un nudo en el estómago. Las estadísticas son abrumadoras y la arquitectura de las plataformas parece invencible. Sin embargo, la ciencia, la psicología del desarrollo y nuestra fe convergen en una verdad sumamente esperanzadora: *la tecnología no es el enemigo principal; el verdadero riesgo, y la raíz de la vulnerabilidad, es un corazón desconectado.*

La primera y más poderosa línea de defensa contra la adicción a las pantallas y los peligros del ciberespacio no es un software restrictivo de última generación, ni un enrutador costoso, sino la solidez inquebrantable del vínculo entre padres e hijos. Antes de imponer reglas sobre el uso del celular o instalar programas que restringen el acceso a sitios web peligrosos, debemos detenernos a examinar la salud espiritual y emocional de nuestras relaciones. Este capítulo es una invitación a la introspección empática. No estamos aquí para juzgarnos bajo el peso de la culpa, sino para reconocer con humildad cómo las pantallas se han interpuesto en nuestro hogar y aprender cómo reconstruir ese puente emocional, paso a paso.

3.1 El síndrome de los "huérfanos digitales" y los "Padres Fantasma"

Históricamente, la sociedad definía la orfandad como la dolorosa ausencia física de los padres. Hoy, la era digital ha dado a luz a un fenómeno silencioso, sutil y profundamente destructivo: los "huérfanos digitales". Este concepto, desarrollado y documentado por los especialistas en desarrollo infantil Gordon Neufeld y Gabor Maté en su obra *"Hold On to Your Kids"* (2004), describe a *niños y adolescentes que tienen a sus padres físicamente en casa, pero emocionalmente ausentes, absorbidos de forma continua por sus propios dispositivos.*

El Dr. Leonard Sax, en su obra *"The Collapse of Parenting"*, acuñó un término igualmente revelador para los adultos atrapados en esta dinámica: los "Padres Fantasma". *Son padres que están sentados en el mismo sofá, compartiendo el mismo techo y la misma mesa, pero cuya mente y atención están a kilómetros de distancia, perdidos en correos electrónicos de trabajo, noticias de última hora o la incesante marea de las redes sociales.*

El impacto de esta ausencia intermitente es profundo porque choca de frente contra el diseño biológico y espiritual de nuestros hijos. *Desde el momento en que un niño nace, su cerebro y su alma buscan una sola cosa por encima de todas las demás: ser vistos, sentidos y amados por mamá y papá.* Esta necesidad no es un capricho emocional pasajero; es una arquitectura divina diseñada para que, al instruir al niño en su camino, podamos reflejar el amor de Dios en sus vidas.

El hambre de ser mirados: Cuando un niño hace un dibujo, te cuenta una historia o simplemente entra a una habitación, su cerebro busca instintivamente los ojos de sus padres para validar su existencia y su valor.

El dolor de la competencia: Si cada vez que el niño busca esa mirada, encuentra que los ojos de su padre están clavados en una pantalla brillante, internaliza un mensaje devastador: "Lo que hay en ese aparato es más importante, más interesante y más valioso que yo".

Lamentablemente, los datos documentan que el tiempo promedio que un padre pasa en una conversación real y significativa con su hijo es de menos de 7 minutos al día. En contraste trágico, el adolescente promedio pasa más de 7 horas diarias frente a pantallas. *El corazón de un hijo no busca la perfección en sus padres, solo busca su presencia. Para que el niño suelte su dispositivo, primero debe encontrar algo mucho más valioso, seguro y atractivo en nosotros.*

3.2 Identidad y teoría del apego: ¿Cómo ama tu hijo?

La forma en que respondemos a nuestros hijos en el día a día moldea la arquitectura física de su cerebro y su capacidad para relacionarse con el mundo y con su Creador. El psiquiatra y psicoanalista John Bowlby descubrió lo que los padres ya intuían: los hijos necesitan tener la certeza absoluta de que papá y mamá estarán ahí cuando los necesiten. A este fenómeno neurológico y relacional lo llamó "apego".

El psiquiatra cristiano Curt Thompson sugiere que esta necesidad va mucho más allá de la mera supervivencia psicológica: *el apego terrenal es la imagen vívida de cómo nos relacionamos con lo divino.* Un padre consistentemente distraído por la tecnología distorsiona la capacidad del niño para confiar en un Padre Celestial atento. Como escribió el teólogo Henri Nouwen: *"No podemos amar a un Dios a quien no hemos visto si no hemos sido amados por quienes sí podemos ver".*

La atención fragmentada fomenta el desarrollo de apegos no saludables. Identificar cómo ama tu hijo (y cómo estás amando tú) es el primer paso para la sanidad. Existen cuatro tipos principales de apego:

- **Apego Seguro (El ideal de Dios):** El niño sabe que su padre o madre estará disponible cuando lo necesite. Cómo se siente profundamente "visto" y amado, su cerebro se calma con facilidad y puede explorar el mundo con confianza. Sabe que es la prioridad.

"Diré yo a Jehová: Esperanza mía, y castillo mío; Mi Dios, en quien confiaré" (Salmos 91:2). El teólogo Tim Keller señala que toda alma humana busca un amor que "nunca falle", encontrándolo primero en el refugio del padre terrenal y luego en el celestial.

- **Apego Ansioso / Ambivalente (El niño que teme ser abandonado):** Se desarrolla cuando el padre es inconsistente: a veces está presente y amoroso, pero a menudo está ausente emocionalmente debido al estrés, el trabajo o el magnetismo del celular. El niño aprende que debe "pelear" ruidosamente por la atención. Se vuelve demandante, ansioso, y de adulto puede desarrollar relaciones dependientes extremas y celos. *"¿Se olvidará la mujer de lo que dio a luz, para dejar de compadecerse del hijo de su vientre?"* (Isaías 49:15). Dios promete la presencia constante que muchos padres fallan en dar.
- **Apego Evitativo (El niño que aprendió a no necesitar):** Ocurre cuando el padre rechaza, ignora o minimiza sistemáticamente las emociones del hijo ("no llores", "eso no es para tanto") por estar ocupado o distraído. El niño, para no sufrir el dolor del rechazo, aprende a suprimir sus necesidades. Parece muy independiente, pero por dentro está profundamente solo, y a menudo se refugia en la adicción a las pantallas, a los videojuegos o al trabajo para anestesiar su aislamiento. *"Sobre toda cosa guardada, guarda tu corazón; Porque de él mana la vida"* (Proverbios 4:23). Un corazón que aprendió a cerrarse necesita ser sanado y suavizado por el amor restaurador del Padre.
- **Apego Desorganizado (El niño atrapado en el miedo):** Surge en entornos de negligencia severa, abuso o violencia, donde el padre es simultáneamente la fuente de amor y la fuente de terror. El niño no sabe si acercarse para ser consolado o huir para protegerse. Es el apego más dañino y está directamente ligado a traumas severos. *"En el amor no hay temor, sino que el perfecto amor echa fuera el temor"* (1 Juan 4:18). La sanidad de este apego requiere una intervención profunda y un encuentro radical con el amor incondicional de Dios.

Si te reconoces en alguno de los patrones no saludables, no te desesperes. La neurociencia moderna nos asegura que el cerebro posee una característica de aprendizaje continuo llamada Neuroplasticidad, la cual nos permite aprender y desaprender muchas cosas sin importar la edad: incluso los adultos con historias de apegos dañinos pueden desarrollar un "apego seguro" a través de nuevas relaciones reparadoras y conscientes, tal como lo demuestran expertos como Daniel Siegel y Mary Hartzell en *"Parenting from the Inside Out"*. En términos espirituales: el Padre celestial es el terapeuta de apego más poderoso que existe, revelándose como *"Padre de huérfanos y defensor de viudas Es Dios en su santa morada"* (Salmos 68:5).

3.3 Destruyendo el "altar digital"

Para reconstruir el apego y sanar la relación, primero debemos desmantelar lo que nos separa. *Hemos permitido, casi sin darnos cuenta, la edificación de un "altar digital" en el centro de nuestros hogares.* Un altar, bíblicamente hablando, es el lugar donde depositamos nuestra devoción, nuestro sacrificio y nuestra atención principal.

¿Cómo sabemos que hemos construido este altar? *El altar digital se manifiesta claramente cuando la pantalla recibe nuestra primera mirada de la mañana, antes siquiera de orar o dar los buenos días, y cuando acapara nuestra mejor energía al final de la jornada. Se revela cuando interrumpimos una conversación a los ojos con nuestro hijo porque sonó una notificación trivial, dándole la máxima prioridad a lo urgente por encima de lo verdaderamente sagrado.*

Como nos lo enseña Jesucristo: *"Ninguno puede servir a dos señores"* (Mateo 6:24). No podemos pastorear, guiar ni proteger el corazón de nuestros hijos si nuestra propia mente está constantemente anclada en el ciberespacio. Necesitamos el Espíritu de Dios que obraba en Juan el bautista, mencionado en Lucas 1:17 y la valentía sobrenatural para *"hacer volver el corazón de los padres a los hijos, y de los rebeldes a la prudencia de los justos".* Destruir este altar no significa tirar los teléfonos a la basura ni adoptar una postura radicalmente antitecnológica; significa reubicarlos en su lugar adecuado como herramientas de servicio, no como amos de nuestra atención. Requiere la decisión consciente, renovada cada mañana, de elegir a las personas reales sobre las pantallas luminosas.

3.4 Rutinas de sanidad emocional

La sanidad del vínculo familiar no ocurre por accidente ni de la noche a la mañana mediante un milagro espontáneo sin esfuerzo. Se construye y se teje mediante actos intencionales, repetidos y llenos de la gracia de Dios. A continuación se presentan tres rutinas fundamentales para comenzar este proceso de reconexión profunda:

1. **Identificar la herida y el poder de pedir perdón:** La sanidad del vínculo siempre comienza con la humildad y la vulnerabilidad del adulto. Muchas veces hemos usado la tecnología para "callar" a nuestros hijos, no por maldad, sino porque nosotros mismos estábamos crónicamente agotados. Dar el primer paso significa acercarse al hijo, mirarlo a los ojos y decirle con total sinceridad: *"Hijo, perdóname por haberte dado un iPad (o un celular) cuando lo que realmente necesitabas era un abrazo y que te escuchara".* Este acto de humildad desarma inmediatamente las defensas del adolescente y del niño, mostrándoles que sus sentimientos son válidos. La Escritura nos lo demanda: *"Antes sed benignos unos con otros, misericordiosos, perdonándoos unos a otros, como Dios también os perdonó a vosotros en Cristo"* (Efesios 4:32) , recordando siempre que *"Como el padre se compadece de los hijos, Se compadece Jehová de los que le temen"* (Salmos 103:13).

2. La dinámica de "La Mirada de Restauración": El neurocientífico Daniel Siegel, en su obra *"The Whole-Brain Child"* (2011), demuestra que evocar memorias positivas junto a nuestros hijos, o incluso pensar en ellas, reduce nuestros propios niveles de cortisol (la hormona del estrés) y activa de inmediato nuestro sistema de apego. Te propongo este ejercicio restaurador: *tómate un momento en silencio, cierra los ojos y recuerda con detalle el día que nació tu hijo. Siente nuevamente su peso en tus brazos, su olor, y recuerda la primera vez que te miró.* ¿Qué sentiste en ese momento sagrado?. Este ejercicio activa lo que la neurociencia llama la "memoria implícita de amor", permitiéndote recordar quién es tu hijo más allá de sus rebeldías actuales o de sus horas consumidas en TikTok. En el relato bíblico, cuando Jacob se reencuentra con su hermano Esaú tras años de amargura, le dice: "Porque he visto tu rostro, como si hubiera visto el rostro de Dios, pues que con tanto favor me has recibido" (Génesis 33:10). El rostro del otro es el lugar biológico y teológico de la reconciliación. Cuando mires a tu hijo, hazlo desde ese recuerdo fundamental de amor.

3. Declarar una Identidad Revelada vs. Identidad Fabricada: Las redes sociales bombardean la mente de los jóvenes diciéndoles constantemente cómo deben verse, qué marcas deben comprar y quiénes deben ser para ser aceptados, ofreciéndoles una "identidad fabricada" y superficial. Los padres, delegados por Dios, tienen el inmenso poder de contrarrestar esta mentira nombrando a sus hijos con palabras de vida y propósito. En la Biblia, cambiar el nombre es cambiar el destino y la identidad (como cuando Dios cambió el nombre de Jacob a Israel en Génesis 32:28). Dile frecuentemente y con convicción: *"Eres valiente, eres curioso, eres tierno, eres un hijo amado de Dios, eres sumamente capaz"*. Cuando declaras y profetizas su verdadera identidad, le otorgas un ancla emocional inamovible que compite directamente y vence la validación artificial que buscan mendigar en la pantalla. Esa es la gran y eterna diferencia entre un padre presente y un padre fantasma.

El corazón de tu hijo te está esperando. Reconstruir este puente afectivo exige esfuerzo, intencionalidad y mucha oración, pero la recompensa es rescatar a quien más amas de la implacable corriente digital. Una vez que comenzamos a sanar este vínculo interno y cimentamos nuestra relación en la gracia, estaremos verdaderamente preparados y moralmente autorizados para implementar los límites y la disciplina tecnológica en el hogar.

Reflexión Práctica a la Luz de la Palabra

Te animo a que tomes tu diario personal o un cuaderno, busques un lugar a solas con Dios, y respondas con el corazón abierto a estas preguntas de profunda introspección:

1. **La auditoría de tu propia mirada:** Si evaluamos la teoría del apego y el "hambre de ser mirados", ¿qué mensaje silencioso le está enviando tu lenguaje corporal a tu familia? Cuando tu hijo te habla, ¿haces una pausa deliberada, bloqueas el celular y haces contacto visual total, o respondes con la mirada dividida?
2. **El fantasma en la sala:** A la luz del concepto de "Padre Fantasma" y del mandato de Deuteronomio 6:6-7 de enseñar la Palabra al "estar en casa", ¿has estado presente físicamente pero ausente emocionalmente? Si hoy fuera el último día de tu vida, ¿preferirías haber contestado todos tus correos y notificaciones, o haber tenido una tarde de risas sin interrupciones digitales con tu familia?
3. **El poder de tus palabras:** Considerando que la pantalla le ofrece a tu hijo una identidad fabricada por algoritmos y modas pasajeras, ¿cuál fue la última vez que declaraste una "identidad revelada" sobre su vida? ¿Qué palabras específicas, alineadas al propósito de Dios, necesitas empezar a pronunciar sobre él o ella a partir de hoy para cimentar su seguridad?

Capítulo 4. Estrategias de contención y dinámicas de hogar

Pasar de la profunda comprensión teórica a la acción diaria en el hogar es, quizás, el paso más desafiante y abrumador para cualquier familia. En el capítulo anterior establecimos que la sanidad del vínculo emocional es el cimiento innegociable; sin embargo, el amor genuino debe traducirse en rutinas concretas, límites claros y un entorno predecible.

En la era digital, la contención no significa construir una prisión tecnológica opresiva, sino diseñar un refugio seguro donde nuestros hijos puedan descansar del bombardeo constante de estímulos. A esto le llamaremos edificar una *"cerca de amor"*. Este capítulo está dedicado a la arquitectura de la vida diaria: exploraremos cómo transformar la dinámica del hogar para que los límites no se sientan como un castigo arbitrario y legalista, sino como un escudo que protege el bienestar espiritual, mental y emocional de toda la familia.

4.1 El modelaje radical: Liderar con el ejemplo

Debemos partir de una premisa incómoda pero cierta: *nuestros hijos tienen un detector de hipocresía sumamente afinado. El padre o la madre que predica un largo sermón sobre los peligros de las pantallas mientras revisa sus correos electrónicos o sus redes sociales durante la cena, ha perdido el argumento antes de siquiera pronunciar una palabra.* Si queremos que nuestros hijos aprendan a regular su consumo digital y a cultivar el dominio propio, nosotros, como líderes espirituales del hogar, debemos ser los primeros en demostrar que es posible vivir sin estar encadenados a un dispositivo.

A esta postura la llamamos *"modelaje radical"*. No se trata de exigirnos una perfección inalcanzable, sino de ser sumamente intencionales y transparentes con nuestras propias luchas frente a la tecnología. Para implementarlo en casa, considera las siguientes estrategias fundamentales:

- **Declaraciones visibles de desconexión:** Anuncia tus intenciones en voz alta. Decir frente a tus hijos: *"De 6:00 p.m. a 8:00 p.m., mi teléfono está en la caja. Ese tiempo es de ustedes"*, establece un estándar innegociable de respeto y prioridad relacional.
- **La "Caja de los Teléfonos":** Crea un espacio físico en la casa (una canasta en la entrada, una caja en la cocina) donde todos los dispositivos, incluidos indiscutiblemente los de los adultos, se depositan en momentos específicos del día, como la hora de la cena. El acto físico y visible de soltar el teléfono comunica nuestro orden de prioridades de una forma mucho más contundente que mil palabras.
- **Vulnerabilidad y admisión de errores:** Si recaes y te encuentras deslizando la pantalla sin sentido cuando deberías estar prestando atención a tu familia, admítelo. Decir: *"Me distraje con el celular. Lo siento. Vuelvo a intentarlo"*, es un acto de humildad profundamente poderoso. *La investigadora Brené Brown documenta en su obra "Daring Greatly" (2012) que los padres que admiten sus errores con transparencia crían hijos con mayor resiliencia, empatía y confianza.*

El apóstol Pablo nos exhorta: *"Y vosotros, padres, no provoquéis a ira a vuestros hijos, sino criadlos en la disciplina y amonestación del Señor"* (Efesios 6:4). Imponer una regla estricta a un hijo mientras nosotros vivimos en el libertinaje digital es una vía directa para provocar su ira y su desánimo. *Liderar con el ejemplo es la forma más pura de amonestación bíblica.*

4.2 Clasificación del tiempo digital: No todas las pantallas son iguales

Una de las fuentes de mayor fricción y resentimiento en los hogares es el error de tratar todo el "tiempo de pantalla" como si fuera una sola entidad tóxica y homogénea. Para pastorear a nuestros hijos sin distanciarlos, debemos ser justos y clínicamente precisos. La neurociencia y la psicología hacen una distinción vital entre dos tipos de consumo digital, y nuestro objetivo como padres es guiar la transición de nuestros hijos del primero hacia el segundo:

- **El Uso Pasivo (El que daña):** Se trata del consumo automático y sin fin. Incluye el deslizar interminablemente en redes sociales basadas en la comparación de estilos de vida (como Instagram o TikTok), ver videos encadenados sin propósito alguno, o consumir contenido violento y sexual. Un riguroso estudio (Estudio ABCD, financiado por el NIH y publicado en *BMC Public Health*, 2024), que siguió a más de 9,500 adolescentes durante 8 años, confirma que este tipo de uso pasivo se asocia consistentemente con graves problemas de conducta, altos niveles de ansiedad y depresión severa. Es el uso que el algoritmo fomenta agresivamente porque maximiza el tiempo de retención en la pantalla. La instrucción de Pablo es nuestro estándar: *"Por lo demás, hermanos, todo lo que es verdadero, todo lo honesto, todo lo justo, todo lo puro, todo lo amable, todo lo que es de buen nombre; si hay virtud alguna, si algo digno de alabanza, en esto pensad"* (Filipenses 4:8). El uso pasivo es, casi en su totalidad, la antítesis de este versículo.
- **El Uso Activo (El que puede nutrir):** Este uso involucra intención, creatividad, aprendizaje o conexión humana real. Incluye realizar videollamadas con abuelos, aprender a programar código, diseño gráfico, fundamentos de AI, componer música, practicar un nuevo idioma o comunicarse colaborativamente con amigos de la vida real. De hecho, investigadores publicaron en la revista *JMIR Mental Health* (2024) que las redes, cuando se usan activamente para buscar

conexión auténtica, pueden reducir la soledad y ofrecer espacios de apoyo vitales para jóvenes que enfrentan dificultades. La restricción total y ciega a la tecnología tiene una evidencia muy limitada de efectividad y suele generar rebelión. *"Todo me es lícito, pero no todo conviene; todo me es lícito, pero no todo edifica"* (1 Corintios 10:23).

La pregunta transformadora que debes hacerle a tu hijo hoy no es simplemente *"¿cuántas horas pasas en el celular?"*, sino una mucho más profunda: *"¿Qué estás haciendo ahí y con quién te estás relacionando?"*. Esa sola conversación lo cambia todo, validando sus intereses legítimos mientras traza una línea firme frente a la hiperestimulación vacía.

4.3 Fomentando el descanso cognitivo y Límites por Edades

El cerebro, al igual que cualquier otro músculo del cuerpo, necesita imperativamente períodos de recuperación profunda para sanar y consolidar el aprendizaje. *Las notificaciones incesantes mantienen el sistema nervioso de nuestros hijos en un estado perpetuo de "lucha o huida".* Para contrarrestar esta fatiga crónica, el hogar debe implementar ritmos inquebrantables de desconexión adaptados a la etapa de desarrollo del menor:

- **0–3 años (La Etapa de Cimiento - Prohibición Total):** En esta fase, el vínculo se sana y se construye exclusivamente con el suelo, el juego físico y el contacto piel a piel. La Academia Americana de Pediatría (AAP) recomienda cero tiempo de pantalla para menores de 18 a 24 meses, con la única excepción de videollamadas familiares. Estudios de la Universidad de Michigan (*JAMA Pediatrics*, 2015) muestran de manera contundente que el uso de dispositivos móviles por parte de los padres durante la interacción con el bebé reduce drásticamente su capacidad de respuesta emocional. *"Porque tú eres el que me sacó del vientre; el que me hizo estar confiado desde que* *estaba en los pechos de mi madre"* (Salmos 22:9-10). Esta confianza primordial se nutre en la mirada, no en un monitor.

- **4–11 años (La Etapa de Entrenamiento - Democracia Guiada):** Aquí se establecen los "ayunos digitales" juntos. Se utiliza activamente la herramienta de la "caja de los teléfonos" al llegar a casa. Debemos enseñarles que el límite es una forma de protección amorosa, no un castigo arbitrario. *"Y las repetirás a tus hijos, y hablarás de ellas estando en tu casa, y andando por el camino, y al acostarte, y cuando te levantes"* (Deuteronomio 6:7). Esto requiere estar presentes y desconectados.
- **12–17 años (La Etapa de Alianza - Privacidad con Rendición de Cuentas):** En la adolescencia, no espíes, conecta. Si el vínculo es sano, el adolescente te contará qué vio en internet. Sin embargo, hay una regla estructural innegociable: *Zonas libres de pantallas nocturnas*. El celular jamás entra al cuarto de noche. La organización *Common Sense Media* (2022) reporta que el 46% de los adolescentes que acceden a contenido dañino o explícito lo hacen desde su habitación, en altas horas de la noche, y sin ninguna supervisión. Establecer que todos los dispositivos se cargan en la cocina después de las 9:00 p.m. es una medida de higiene mental obligatoria. *"Instruye al niño en su camino, Y aun cuando fuere viejo no se apartará de él"* (Proverbios 22:6) , pero recordando el balance: *"Padres, no exasperéis a vuestros hijos, para que no se desalienten"* (Colosenses 3:21).

El "Sábado Digital" (Un Día a la Semana Sin Pantallas): El concepto bíblico del *Sabbat* (Día de Reposo) tiene una aplicación directa, profética y urgente en nuestra era tecnológica, *"Acuérdate del día de reposo para santificarlo"* (Éxodo 20:8). *Consiste en designar un día a la semana en el que la familia entera se abstiene por completo de usar pantallas recreativas. Sin redes sociales, sin videojuegos inmersivos, sin maratones de Netflix. En su lugar: juegos de mesa, largas caminatas, cocinar juntos o simplemente leer.*

La organización *Screen-Free Week* documenta empíricamente que las familias que logran implementar este "ayuno digital" semanal reportan una disminución significativa de conflictos, mayor comunicación profunda y un aumento masivo de la creatividad en los hijos . El descanso digital no debe presentarse ante los hijos como un castigo, sino como un día de profunda restauración familiar.

4.4 Hábitos para el desarrollo de empatía y conexión a largo plazo

Reducir el tiempo de pantalla creará inevitablemente un inmenso "vacío" de tiempo e hiperestimulación en la vida de tu hijo. Si no llenamos ese espacio con alternativas emocionalmente ricas, la abstinencia digital solo generará ira, resentimiento y frustración. No se trata de "entretener" a tu hijo como si fueras un animador; se trata de crear momentos que su memoria guardará para toda la vida. El Dr. Kenneth Ginsburg (*Children's Hospital of Philadelphia*, 2024) confirma que *los adolescentes, en lo más profundo de su ser, desean pasar tiempo con sus padres mucho más de lo que los adultos creen; solo necesitan que la invitación sea la correcta.*

Sustituyamos el hábito del consumo aislado con estas 7 prácticas comprobadas para sostener el vínculo:

1. **Cocinar juntos una vez a la semana:** Elige un plato nuevo cada semana y cocínenlo juntos, sin celulares en la cocina. ¿Por qué funciona? La Dra. Anne Fishel (*The Family Dinner Project*) explica que esto crea *"conversación lateral"*. Los adolescentes se sienten intimidados y se cierran bajo el contacto visual directo; sin embargo, hablan mucho más fácilmente y se abren emocionalmente cuando están hombro a hombro y tienen las manos ocupadas. Las cenas sin pantallas se asocian con un menor uso problemático de redes (*Marriage & Family Review*, 2025). Bíblicamente, la hospitalidad y el

servicio comienzan en casa, recordando cuando Abraham preparó diligentemente una comida para sus visitantes celestiales (Génesis 18:6-8).

2. **Caminata semanal de 20 minutos:** Sin destino fijo, sin agenda, solo caminar juntos. Estudios de la Universidad de Stanford muestran que el movimiento físico de caminar reduce el cortisol, aumenta la creatividad y eleva la disposición a conversar en un sorprendente 81%. Al igual que Jesús se unió a los discípulos afligidos en el camino a Emaús (Lucas 24:13-15), los mejores encuentros pastorales ocurren caminando.
3. **El "Club de Lectura" Familiar:** Dediquen 15 minutos semanales a comentar un libro (biografía, devocional o ficción). Investigadores de la Universidad de Toronto documentan que la lectura compartida desarrolla un vasto vocabulario emocional y aumenta drásticamente la empatía y la capacidad de entender perspectivas ajenas. Como Dios ordenó: *"Hablarás de ellas... al acostarte y cuando te levantes"* (Deuteronomio 6:7).
4. **Noche de Juegos Sin Pantallas (Una vez al mes):** Sustituir el ocio digital por juegos de mesa o ajedrez activa el sistema de recompensa del cerebro de una manera sumamente sana. El psiquiatra Stuart Brown (*Play: How It Shapes the Brain*) señala que *la risa compartida libera oxitocina, la hormona del vínculo, asociando la presencia de los padres con experiencias altamente positivas.* Como dice Proverbios 17:22: *"El corazón alegre constituye buen remedio"*.
5. **Aprender algo nuevo juntos:** Elige una habilidad que ninguno de los dos domine (un idioma, dibujar, fotografía). *Cuando el padre se coloca en posición de aprendiz junto a su hijo, elimina la jerarquía tradicional, crea una complicidad profunda y muestra vulnerabilidad.* El Dr. Ginsburg documenta que los adolescentes valoran infinitamente cuando el padre muestra humanidad y humor al aprender. El padre que aprende delante de su hijo enseña más que el que solo dictar órdenes (Proverbios 4:1).

6. **Servir juntos a alguien fuera de casa:** Una vez al mes, ayuden en un banco de alimentos o visiten a un necesitado. *El servicio compartido desplaza violentamente el foco del "yo" al "otro", siendo el antídoto directo y mortal contra el narcisismo digital.* Investigadores de la Universidad de British Columbia documentan que ayudar a otros aumenta la felicidad mucho más que el consumismo. Vivamos Gálatas 5:13: *"Servíos por amor los unos a los otros".*
7. **El Ritual de Cierre del Día ("Las 3 del Día" / Círculo de Seguridad):** Cada noche, antes de apagar la luz, siéntate en el borde de la cama de tu hijo por 10 minutos. Haz tres preguntas sin corregir ni predicar, solo escuchando: *(1) ¿Qué fue lo mejor de hoy?, (2) ¿Qué fue lo más difícil?, y (3) ¿Por qué cosa quieres que ore por ti esta noche?.* El neurocientífico Daniel Siegel llama a esto "tiempo de sintonía" y documenta que estos rituales predecibles reducen drásticamente el cortisol (ansiedad) infantil, fortalecen la memoria autobiográfica positiva y activan el apego seguro. El hijo que se duerme sintiéndose visto, escuchado y amado duerme en profunda paz, cumpliendo Salmos 4:8: *"En paz me acostaré, y asimismo dormiré; Porque solo tú, Jehová, me haces vivir confiado".*

Principio de implementación: No intentes hacer las 7 actividades a la vez ni te abrumes. Elige solo una esta semana. Hazla bien. Repítela constantemente. El vínculo inquebrantable de una familia no se construye con eventos extraordinarios ni vacaciones costosas; se construye y se sella con momentos ordinarios repetidos incansablemente con amor y presencia. Como bien afirma el Dr. Gary Chapman en su obra *"Los 5 Lenguajes del Amor"* (1992): *"El amor no es un sentimiento. Es una decisión que se toma cada día".*

Reflexión Práctica a la Luz de la Palabra

Te insto a apartar unos minutos, cerrar la puerta de tu habitación y, con la guía del Espíritu Santo, examinar la dinámica actual de tu hogar respondiendo a estas preguntas de profunda introspección:

1. **El detector de hipocresía:** Frente al mandato de Efesios 6:4 de no exasperar a nuestros hijos, ¿existe alguna regla sobre el uso de la tecnología que le exijas a tus hijos pero que tú rompas constantemente bajo la excusa de que "es por trabajo"? ¿Qué paso de "modelaje radical" vas a implementar hoy para liderar con integridad?
2. **El Sabbat olvidado:** Si Dios, en su infinita sabiduría, instituyó el día de reposo al pueblo de Israel para la sanidad del cuerpo y del alma (Éxodo 20:8), ¿qué te impide declarar un "Sábado Digital" en tu hogar? Indaga en tus propias motivaciones: ¿sientes temor al aburrimiento, a la desconexión del mundo, o al conflicto inicial que esta regla podría generar con tus adolescentes?
3. **El altar de la noche:** Revisa los últimos 15 minutos antes de que tus hijos se duerman. ¿Están siendo acompañados por el resplandor de una pantalla solitaria que altera su sueño, o por el "tiempo de sintonía" y la oración intercesora de un padre/madre a los pies de su cama? ¿Cómo cambiaría la paz de tu hogar si comenzaras hoy mismo con el ritual de "Las 3 del Día"?

Capítulo 5. Arquitectura técnica I: Filtrado de valores a nivel de red

Llegar a este punto del Libro significa que ya has dado los pasos más importantes, valientes y difíciles: entender la raíz neurológica del problema y comenzar a fortalecer el vínculo emocional con tus hijos. Has pedido perdón, has instaurado rutinas de conexión y has modelado con el ejemplo. Sin embargo, en un mundo hiperconectado donde el contenido nocivo, los depredadores y las ideologías destructivas están a solo un clic de distancia, el amor y la comunicación necesitan un aliado tecnológico inquebrantable.

No se trata de desconfianza hacia nuestros hijos, sino de protección activa contra una industria que busca devorarlos. Como padres, cerramos con llave la puerta física de nuestra casa por la noche para proteger a los nuestros de las amenazas de la calle; el filtrado a nivel de red es, esencialmente, poner ese mismo cerrojo de alta seguridad en la puerta digital de nuestro hogar.

En este capítulo, aprenderás a construir una infraestructura de seguridad robusta, estructurada bajo una visión de filtrado activo, que proteja silenciosa y eficazmente cada dispositivo conectado a tu Wi-Fi (desde el teléfono inteligente hasta la consola de videojuegos), creando un entorno donde tus valores familiares sean la máxima autoridad.

5.1 El enfoque de "Defensa en Profundidad"

En el ámbito de la ciberseguridad corporativa e institucional, los ingenieros construimos arquitecturas basadas en un principio innegociable llamado

"Defensa en Profundidad" (Defense in Depth). *La premisa es simple pero poderosa: jamás dependas de una sola barrera. Si colocas toda tu confianza en una sola aplicación instalada en el teléfono de tu hijo, estás dejando un punto único de falla (Single Point of Failure).*

Los menores de hoy, nacidos en la era digital, poseen habilidades técnicas intuitivas. Rápidamente aprenden a desinstalar perfiles de gestión (MDM), a utilizar Redes Privadas Virtuales (VPN) para enmascarar su tráfico, o a alterar las direcciones DNS locales de sus equipos para eludir los controles que has puesto en sus teléfonos. Si un niño logra evadir la aplicación de su celular, o simplemente toma prestada la tableta de un invitado o la Smart TV de la sala, tu primera línea de defensa colapsa estrepitosamente.

Por ello, la estrategia de ciberseguridad familiar que proponemos no se basa en una herramienta "milagrosa", sino en capas protectoras superpuestas que actúan como un embudo obligatorio para todo el tráfico de la casa:

- **Capa Cero (La Red Celular):** Es el escudo de inspección y filtrado incrustado directamente en el núcleo del operador de telecomunicaciones (como Radiant Mobile). Todo el tráfico de datos móviles (4G/5G) es analizado e interceptado desde la antena antes de llegar al teléfono inteligente, haciendo que el bloqueo de contenido nocivo sea ineludible e inmune a las tácticas de evasión de los jóvenes.
- **Capa de Red (El perímetro):** Es el filtro instalado directamente en tu router o en un servidor local. Todo lo que entre o salga de tu hogar vía Wi-Fi o Ethernet debe pasar por aquí, sin excepciones.
- **Capa de Dispositivo (El endpoint):** Aplicaciones instaladas localmente en el celular (como Bark o Qustodio) que gestionan el tiempo de pantalla y monitorizan semánticamente el contenido.
- **Capa de Plataforma:** Configuraciones de privacidad internas en aplicaciones específicas (como los controles de Roblox o Epic Games).

El apóstol Pablo entendía perfectamente el concepto de la "Defensa en Profundidad" cuando nos instruyó sobre la guerra espiritual: *"Vestíos de toda la armadura de Dios, para que podáis estar firmes contra las asechanzas del diablo"* (Efesios 6:11). Dios no nos dio solo un escudo; nos proveyó del yelmo, la coraza, el calzado y la espada. *Un soldado sabio no va a la batalla con una sola pieza de protección, y un padre sabio no protege el alma de sus hijos con un solo filtro tecnológico.*

Este capítulo se enfocará exclusivamente en **La Capa de Red**, la cual protege a todos los dispositivos de manera simultánea sin necesidad de configurarlos uno por uno.

5.2 Sumideros DNS y control local (Pi-hole)

Para las familias o líderes que buscan una solución arquitectónica potente, altamente personalizable y de código abierto (gratuita), el sistema **Pi-hole** representa el estándar de oro en el filtrado perimetral.

Imagina a Pi-hole como un recepcionista extremadamente estricto, o un "agente de aduanas", que trabaja en el umbral de tu red doméstica. La internet funciona a través de servidores DNS (Domain Name System), que son como la guía telefónica de la web; traducen un nombre fácil de leer (como *youtube.com*) a una dirección IP numérica que las computadoras entienden (la dirección 208.117.224.0 seria un ejemplo de una dirección IP verdadera de Youtube en Estados Unidos, las computadoras sólo entienden esos numero como direcciones físicas de servidores; nosotros los humanos entendemos más fácilmente cómo acceder a los websites por medio de sus nombres, entonces es allí donde un servidor DNS nos sirve de traductor entre lo que nosotros entendemos y lo que una computadora entiende). Pi-hole actúa como un "sumidero DNS" (DNS Sinkhole). *Cuando un dispositivo en tu casa intenta acceder a un dominio peligroso (por ejemplo, sitio-inapropiado.com), envía la solicitud al DNS, Pi-hole intercepta esta solicitud, revisa sus listas y, si el sitio está prohibido, detiene la petición devolviendo una dirección IP nula (0.0.0.0). El resultado es que la conexión se bloquea de raíz antes de que se transmita el primer byte de datos nocivos a la pantalla de tu hijo.*

¿Cómo funciona esta arquitectura?

- **Hardware ligero:** Pi-hole se instala típicamente en microordenadores muy económicos y de bajísimo consumo eléctrico como la Raspberry Pi (modelos 3, 4, 5 o Zero 2 W), o mediante contenedores virtuales (Docker) en un servidor Ubuntu.
- **Listas de Bloqueo (Adlists):** El verdadero poder de Pi-hole reside en su capacidad para ingerir repositorios masivos de dominios perjudiciales mantenidos por la comunidad global de ciberseguridad. A través del panel de control ("Group Management > Adlists"), los administradores del hogar añaden listas que bloquean directamente millones de sitios de pornografía, apuestas, drogas y distribuidores de malware (software malicioso que puede contener virus y que principalmente viene en las descargas desde sitios no autorizados de videojuegos).
- **Expresiones Regulares (Regex) para Filtrado Ideológico:** El contenido sexual explícito es fácilmente categorizable, pero el bloqueo de conceptos ideológicos, lenguaje inapropiado y corrientes contrarias a la cosmovisión cristiana presenta un desafío mayor. Los creadores de contenido mutan rápidamente su jerga para evadir los controles. Pi-hole soluciona esto permitiendo el bloqueo mediante Expresiones Regulares (Regex). Las reglas Regex bloquean dominios basándose en patrones semánticos de texto. Por ejemplo, en lugar de bloquear sitios uno por uno, una regla Regex como (^|\.)((hentai|porn|sex))\.(com|net)$, bloqueará automáticamente cualquier dominio en el vasto internet que contenga esa palabra en su estructura, actuando como un cortafuegos ideológico y moral.
- **Gestión de Grupos (Micro-segmentación lógica):** Las versiones modernas de Pi-hole permiten identificar los dispositivos de

los hijos (mediante su dirección MAC) y asignarlos a un grupo "Default" con listas negras extremadamente restrictivas, mientras los dispositivos del grupo "Adultos" o "Trabajo" navegan con filtros más permisivos.

- Para detalles de la instalación ver **Anexo B**
- Sitio Oficial: **pi-hole.net**

Para potenciar este sumidero local, se recomienda enrutar las peticiones "limpias" hacia servicios como **OpenDNS FamilyShield**. OpenDNS es un servicio gratuito en la nube (de la empresa Cisco) que, al configurarse como el verificador ascendente (Upstream DNS) de tu Pi-hole, añade una capa extra bloqueando automáticamente pornografía, proxies (usados para evadir filtros) y contenido violento.

Limitaciones arquitectónicas a considerar: Dado que Pi-hole opera exclusivamente en la capa de resolución de nombres (DNS), no puede bloquear contenido específico alojado dentro de una página legítima (por ejemplo, un video explícito incrustado dentro de YouTube), ya que no puede leer la ruta completa de la URL. Además, los adolescentes con conocimientos técnicos podrían intentar evadirlo configurando DNS externos en sus teléfonos; para sellar esta fuga, debes configurar el enrutador principal de la casa para que bloquee cualquier tráfico saliente en el puerto 53 que no provenga de la Raspberry Pi, forzando un embudo absoluto.

Bíblicamente, el salmista David estableció un parámetro claro de higiene visual y espiritual: *"No pondré delante de mis ojos cosa injusta. Aborrezco la obra de los que se desvían; Ninguno de ellos se acercará a mí"* (Salmos 101:3). Implementar un sumidero DNS en tu hogar es la automatización tecnológica de esta firme promesa.

5.3 Dispositivos perimetrales avanzados: Inspección Profunda con Firewalla

Para las familias, pastores o líderes que buscan instaurar una ciberseguridad de grado empresarial, pero que no disponen del tiempo o los conocimientos para lidiar con la curva de aprendizaje de los sistemas Linux (líneas de comando y scripts), los dispositivos físicos de hardware, en particular el ecosistema **Firewalla** (modelos Purple SE, Gold, o Gold Pro), representan la evolución natural y robusta del control perimetral.

A diferencia de un sumidero DNS que simplemente lee nombres de directorios, un Firewalla se instala físicamente mediante un cable Ethernet (el cable de red con el que conectas tu PC directamente a tu router) ubicándose justo entre el módem del proveedor de internet y tu red local (o en modo router). Actúa como un Sistema completo de Prevención de Intrusiones Externas. Sus ventajas técnicas frente a las amenazas juveniles son las siguientes:

- **Inspección Profunda de Paquetes (DPI - Deep Packet Inspection):** Este es el "superpoder" de Firewalla. Mientras que el DNS solo lee "a dónde" va el usuario, la tecnología DPI desglosa los paquetes de datos y analiza la *naturaleza* y el protocolo del tráfico en tránsito. Esto le otorga al dispositivo la capacidad casi infalible de detectar y bloquear el uso de Redes Privadas Virtuales (VPNs), redes Tor o proxies; las herramientas favoritas que los adolescentes utilizan para enmascarar su ubicación y evadir las restricciones parentales.
- **Arquitectura Zero Trust y Microsegmentación (VLANs):** Firewalla abandona el concepto obsoleto de la "red plana" (donde todos los aparatos de la casa se comunican libremente) para adoptar una arquitectura de "Confianza Cero". A través de VLANs (Redes de Área Local Virtuales), permite segmentar el hogar digital: puedes colocar los dispositivos del Internet de las Cosas (Smart TVs, bombillas, cámaras) en una subred, las computadoras de trabajo en otra, y encapsular todos los dispositivos de los niños en una subred

aislada y estrictamente controlada. Esto previene los "movimientos laterales", impidiendo que un joven utilice el televisor de la sala para navegar por YouTube sin filtros cuando su celular está bloqueado.

- **Gestión Intuitiva y "Cercas de Amor" de un solo toque:** Desde la aplicación móvil, los padres pueden activar interruptores críticos al instante. La función "Family Protect" no solo filtra contenido para adultos, sino que obliga a nivel de enrutador a que todas las búsquedas operen en modo "Safe Search" (forzando a Google o Bing a omitir imágenes explícitas en sus resultados de toda la casa). Funciones como "Social Hour" permiten conceder acceso a las redes sociales solo por ventanas de 60 minutos, y la protección "Kid Lock" requiere la huella digital (biometría) del padre para abrir la aplicación, asegurando que el adolescente no tome el celular del adulto para alterar las reglas en la madrugada.
- Para detalles de la instalación ver **Anexo A**
- Sitio Oficial: **firewalla.com**

En el libro del profeta Ezequiel, Dios define el rol vital del atalaya: "*Pero si el atalaya viere venir la espada y no tocare la trompeta, y el pueblo no se apercibiere, y viniendo la espada, hiriere de él a alguno... demandaré su sangre de mano del atalaya*" (Ezequiel 33:6). La inteligencia artificial de dispositivos de Inspección Profunda actúa como un atalaya incansable, escrutando cada paquete de datos (la espada) que intenta cruzar las puertas de nuestra casa a la velocidad de la luz, para proteger a quienes duermen dentro.

5.4 Protección fuera de casa: Sumideros DNS en la Nube (NextDNS)

Toda la arquitectura local (Pi-hole o Firewalla) que hemos detallado funciona de manera impecable y blindada mientras los dispositivos permanecen conectados a la red Wi-Fi de la casa. Sin embargo, existe un "punto ciego" masivo y sumamente peligroso: ¿qué sucede cuando el adolescente cruza la puerta, apaga la recepción Wi-Fi de su smartphone y comienza a navegar utilizando su plan de datos móviles 4G/5G, o se conecta a la red abierta de una cafetería? La fortaleza local queda atrás, y el dispositivo queda a merced de la internet abierta.

Es en esta brecha de vulnerabilidad donde soluciones basadas en la nube como **NextDNS** cobran vital importancia para cerrar el perímetro. NextDNS opera bajo el mismo principio de sumidero DNS que Pi-hole, interceptando y bloqueando peticiones a dominios nocivos, con la gigantesca diferencia de que su infraestructura de servidores reside en la nube global. Actúa como una sombrilla protectora que viaja a donde quiera que vaya el teléfono.

No obstante, la tecnología avanza para brindarnos escudos aún más inquebrantables. Aunque aquí te enseñaré a configurar NextDNS como una excelente herramienta en la nube para proteger el dispositivo en redes Wi-Fi externas, en el Capítulo 8 daremos un paso magistral y profundizaremos en la implementación de la "Capa Cero". Allí descubriremos cómo sellar este punto ciego de los datos móviles desde su origen absoluto, utilizando operadores de telefonía celular estructurados bajo nuestros valores (como Radiant Mobile), los cuales filtran y purifican el internet directamente desde la antena de transmisión, mucho antes de que la señal alcance el teléfono de nuestros hijos.

Las capacidades tácticas de NextDNS son excepcionales:

- **Perfiles de Configuración MDM:** En lugar de modificar el router, los padres instalan un pequeño "perfil de configuración" nativo en el sistema operativo del iPhone (iOS) o Android del menor. Este perfil cifra y obliga a que todas las consultas DNS del teléfono viajen a través de los servidores de NextDNS, independientemente de si están en 5G, LTE o el Wi-Fi del colegio.

- **Control Parental de Precisión:** La plataforma web de NextDNS cuenta con un panel de control intuitivo. Con un solo clic, sin necesidad de conocer múltiples direcciones técnicas o crear expresiones regulares complejas, los padres pueden bloquear el acceso a aplicaciones y juegos hiper-adictivos específicos (como TikTok, Snapchat, Discord, Tinder o Roblox).
- **Tiempos de Recreación (Descanso Cognitivo Automatizado):** La plataforma facilita el establecimiento de horarios estrictos. Por ejemplo, puedes programar la herramienta para que el tráfico hacia las redes sociales o juegos solo sea accesible los fines de semana de 18:00 a 20:00 horas, bloqueando automáticamente los servidores el resto del tiempo. Esto automatiza el principio del "Sábado Digital" o el descanso cognitivo que tratamos en capítulos anteriores.
- Para detalles de la instalación ver **Anexo C**
- Sitio Oficial: **nextdns.io**

El Rey David declaró sobre la omnisciencia y la protección divina continua: *"Jehová guardará tu salida y tu entrada, desde ahora y para siempre"* (Salmos 121:8). Al extender nuestra arquitectura de red hacia los dispositivos móviles mediante un DNS en la nube, estamos garantizando que los valores de nuestro hogar acompañen, guarden y protejan las "salidas" de nuestros hijos en el mundo físico y digital.

Reflexión Práctica a la Luz de la Palabra

Te invito a pausar tu lectura, buscar un momento de intimidad con Dios y responder con profundo autoexamen a las siguientes preguntas:

1. **La Puerta de la Ciudad:** En la antigüedad, los líderes sabios (como Nehemías) colocaban guardas en las puertas de la ciudad para decidir qué o quién entraba a influenciar al pueblo. Si tu red Wi-Fi es la "puerta principal" de tu hogar digital, ¿quién la está custodiando actualmente? ¿Estás dejando esa puerta abierta de par en par a cualquier mercader de ideologías y adicciones?
2. **La Defensa en Profundidad Espiritual:** Sabiendo que los adolescentes son ingeniosos y buscarán evadir un límite aislado, ¿está tu estrategia de crianza basada en una sola "regla" frágil, o estás dispuesto a invertir tiempo en construir una arquitectura sólida de protección por capas (comunicación, modelaje radical y cortafuegos técnicos)?
3. **El Atalaya del Hogar:** La configuración técnica (DNS, Firewalls, VLANs) puede parecer intimidante e incluso abrumadora. Sin embargo, Dios te ha designado como el "atalaya" de tus hijos (Ezequiel 33). ¿Estás dispuesto a sacrificar tu propia comodidad y superar la barrera del aprendizaje técnico por amor a la integridad visual y moral de tu familia?

Capítulo 6. Arquitectura técnica II: Control de dispositivos (Endpoint)

Sabemos que dar el paso decisivo hacia la configuración técnica puede sentirse abrumador. Como padres, no siempre somos ingenieros o expertos en informática, y es profundamente natural sentir que nuestros hijos, nacidos con una pantalla en la mano, van siempre un paso por delante de nosotros en el manejo de sus teléfonos, tabletas y computadoras. Sin embargo, debes recordar una verdad inquebrantable: *tú posees algo infinitamente más valioso que la mera destreza técnica; posees el discernimiento, la madurez cerebral, la autoridad espiritual y el amor incondicional otorgado por Dios para protegerlos.*

En el capítulo anterior construimos una barrera perimetral a nivel de la red Wi-Fi de nuestro hogar. Levantamos un muro que filtra las amenazas desde la raíz. Pero, ¿qué sucede cuando nuestros hijos salen de casa, cuando el Wi-Fi se desconecta, cuando usan sus datos móviles celulares, o cuando navegan dentro de aplicaciones cifradas donde el enrutador de la casa queda completamente ciego?.

Aquí es donde entra en juego la segunda e indispensable capa de nuestra estrategia de "Defensa en Profundidad": el software instalado directamente en el dispositivo del menor, conocido técnicamente como **Endpoint**. La gestión de la seguridad a nivel de dispositivo individual presenta un vector de falla crítico si no se aborda correctamente: los menores con habilidades técnicas básicas pueden aprender a desinstalar perfiles de gestión, utilizar Redes Privadas Virtuales (VPN) para enmascarar su tráfico, o alterar las direcciones DNS de sus equipos para eludir los controles locales. Por tanto, estas herramientas de *Endpoint* son esenciales para establecer límites de tiempo granulares, monitorizar conversaciones internas y aplicar inteligencia artificial al contenido visible en la pantalla.

6.1 Integraciones nativas del sistema operativo (El primer paso)

El primer paso lógico, y absolutamente necesario para cualquier padre, es habilitar los controles que ya vienen integrados de forma nativa (y gratuita) en los sistemas operativos de los teléfonos y tabletas. Aunque estas herramientas gratuitas carecen de la granularidad y la inteligencia artificial profunda de las opciones comerciales de pago, proporcionan una capa de gestión de dispositivos (MDM - Mobile Device Management) que es el cimiento de la seguridad.

Google Family Link (Android y Chromebook): Esta es la herramienta oficial desarrollada por Google. Su enfoque principal no es la vigilancia invasiva de los contenidos privados, sino la gestión estricta de hábitos y la arquitectura de permisos. A través de la aplicación instalada en tu propio teléfono como administrador, puedes aprobar o denegar cualquier aplicación que tu hijo intente instalar desde la Play Store. Te permite establecer límites estrictos de tiempo de pantalla (ya sean límites globales diarios o por aplicación específica) y rastrear la ubicación física del dispositivo mediante GPS. Además, fuerza de manera automática los filtros de "Búsqueda Segura" (SafeSearch) en Google. Su principal limitación técnica radica en la incapacidad algorítmica para analizar el contenido interno de las aplicaciones de terceros; es decir, Family Link no puede leer los chats de WhatsApp o los mensajes directos de Instagram.

- *Sitio Oficial:* **families.google/intl/es_us/familylink/**
- Para detalles de la instalación ver **Anexo D**

Apple Screen Time (iOS y macOS): Integrado de forma nativa en el ecosistema de Apple (iPhone, iPad, Mac), "Tiempo en pantalla" permite a los padres restringir el uso de aplicaciones, programar "tiempos de inactividad" (Downtime) para la noche, impedir compras no autorizadas en la App Store y aplicar filtros web en el navegador Safari. Sin embargo, su arquitectura de filtrado de contenido para adultos está basada en palabras clave a nivel de sistema operativo, lo cual suele ser frustrantemente estricto e impreciso. A menudo bloquea URLs mediante cadenas de texto simples, lo que genera una alta tasa de falsos positivos (por ejemplo, bloqueando sitios educativos o de anatomía médica por contener terminología clínica) mientras que, ocasionalmente y de manera contradictoria, permite el paso de contenido nocivo proveniente de redes sociales dinámicas.

- *Sitio Oficial:* **support.apple.com/es-us**
- Para detalles de la instalación ver **Anexo E**

Microsoft Family Safety (Windows y Xbox): Para los hogares con computadoras PC o consolas Xbox, esta herramienta gratuita permite fijar límites de pantalla, bloquear aplicaciones y filtrar sitios web. Desde su portal o aplicación, puedes establecer tiempos máximos diarios, forzar pausas de conexión y bloquear navegadores específicos (como Edge) mediante categorías de filtrado (pornografía, violencia) o listas de URLs personalizadas.

- *Sitio Oficial:* **support.microsoft.com/es-es/account-billing/configurar-microsoft-family-safety**
- Para detalles de la instalación ver **Anexo F**

Utilizar estas herramientas nativas es un acto básico de mayordomía. La Escritura nos advierte que *"el avisado ve el mal y se esconde; mas los simples pasan y reciben el daño" (Proverbios 22:3). Entregar a un niño un dispositivo conectado a internet sin siquiera activar los controles nativos del sistema operativo es enviar a un soldado a la batalla sin escudo.* Es nuestra responsabilidad ser diligentes ("avisados") frente a los peligros inminentes.

6.2 Vigilancia semántica con Inteligencia Artificial (Bark)

A medida que los niños crecen y se convierten en adolescentes (especialmente en la franja crítica de los 13 a los 17 años), la prohibición total y ciega de la tecnología se vuelve insostenible, genera fricción extrema y suele ser contraproducente. En esta etapa, a la que llamamos "Etapa de Alianza", la meta no es aislarlos del mundo digital en una burbuja, sino acompañarlos mientras desarrollan su propio criterio moral. Aquí es donde la aplicación **Bark** representa un cambio de paradigma y se diferencia radicalmente de los bloqueadores tradicionales.

El mercado de software de terceros se divide en dos doctrinas: la monitorización basada en alertas (vigilancia semántica) y el control basado en rutinas (bloqueo preventivo). La fortaleza de Bark no reside en bloquear páginas web ciegamente, sino en integrarse directamente con las cuentas del menor para monitorizar la comunicación de forma profunda y semántica.

Cómo funciona la Inteligencia Artificial de Bark: Bark analiza textos, correos electrónicos, historiales de búsqueda y la actividad interna en más de 30 plataformas de redes sociales (incluyendo gigantes como Instagram, Snapchat, TikTok) y aplicaciones de comunicación cifrada como iMessage. Su algoritmo de Inteligencia Artificial escanea continuamente en busca de 19 categorías de riesgo severo. Estas incluyen: ciberbullying, contacto con depredadores online, contenido sexual explícito, lenguaje soez, ideación suicida y amenazas de violencia.

El balance sagrado entre privacidad y protección: La ventaja más importante de Bark es que fomenta la confianza y respeta el desarrollo psicológico del adolescente. Los padres no tienen acceso para leer el 100% de los mensajes privados de sus hijos (lo cual destruiría irremediablemente el vínculo de confianza), sino que solo reciben una alerta y un extracto específico del mensaje *únicamente* cuando la Inteligencia Artificial detecta un riesgo real o inminente.

Además, Bark permite a los padres ajustar la sensibilidad algorítmica de estas alertas. Por ejemplo, en una familia cristiana, si el padre considera que el objetivo principal es evitar ideologías sectarias, puede configurar el filtro para ignorar jerga juvenil inofensiva, pero mantenerlo en su nivel más estricto ("Severo") para asegurar que se envíe una alarma inmediata si se detecta una amenaza de autolesión, lenguaje abusivo o pornografía explícita en chats privados.

- *Sitio Oficial:* **bark.us**
- Para detalles de la instalación ver **Anexo G**

Bark es una herramienta que ayuda a enfatizar el mandato de Colosenses 3:21: *"Padres, no exasperéis a vuestros hijos, para que no se desalienten"*. Leer cada mensaje privado de un joven de 16 años es una invasión que exaspera, desalienta y destruye el puente de la confianza. Bark nos permite vigilar como atalayas amorosos, interviniendo únicamente cuando la vida o la pureza del joven están en verdadero peligro, honrando la privacidad sin abandonar la protección.

6.3 Prevención estricta y bloqueo dinámico (Qustodio, Canopy y Net Nanny)

Para niños más pequeños (en la "Etapa de Entrenamiento", de los 4 a los 11 años) o para familias que prefieren un enfoque de prevención estricta y absoluta privacidad (evitando por completo leer los mensajes privados de sus hijos), existen herramientas que funcionan como escudos proactivos inquebrantables.

Qustodio (Control basado en reglas categóricas): Qustodio representa el estándar de la industria en control basado en reglas predefinidas y es considerada una solución "todo en uno" para crear un entorno digital sumamente predecible y seguro. Su motor de filtrado web no depende de palabras clave individuales, sino que evalúa y bloquea sitios enteros basándose en docenas de categorías (como contenido adulto, foros sociales, juegos de azar, violencia), asegurando que si un sitio cae dentro de una categoría prohibida, el acceso se deniegue instantáneamente.

Una directiva técnica ineludible de Qustodio es que fuerza obligatoriamente la "Búsqueda Segura" (SafeSearch) en Google, Bing y Yahoo, así como el "Modo Restringido" en YouTube. Esto transfiere inteligentemente la inmensa carga del bloqueo de palabras clave, ideologías y pornografía a los colosales motores de Inteligencia Artificial de los propios buscadores, ocultando de tajo las secciones de comentarios tóxicas en YouTube. Adicionalmente, cuenta con capacidades sobresalientes para interceptar aplicaciones nuevas; al bloquear la categoría "Redes Sociales", cualquier aplicación nueva que el menor intente abrir y que pertenezca a esa familia será automáticamente interceptada y denegada. Para el entorno de videojuegos, incorpora alertas sobre chats de voz, monitorizando el audio en juegos populares (como Roblox o Valorant) para detectar lenguaje sexual o abusivo y notificar al padre.

- *Sitio Oficial:* **qustodio.com**
- Para detalles de la instalación ver **Anexo H**

Canopy (Inteligencia Artificial Preventiva Dinámica): Mientras Qustodio bloquea por dominios, otras herramientas innovan analizando el contenido mismo antes de que aparezca.

- **Canopy y Net Nanny (Análisis visual en tiempo real):** Se distingue por su arquitectura de análisis visual o "Smart Filter". Canopy no lee textos ni mensajes privados, pero utiliza modelos de IA que se ejecutan localmente en el dispositivo (sin enviar los datos a la nube) para escanear el tráfico web entrante. Es capaz de detectar y bloquear imágenes o videos explícitos (desnudez, pornografía) en milisegundos, antes de que se rendericen en la pantalla. Es extraordinariamente eficaz previniendo la exposición accidental a pornografía y evitando de raíz el devastador problema del *sexting* (envío o recepción de imágenes íntimas).
  - *Sitio Oficial:* **canopy.us**
  - Para detalles de la instalación ver **Anexo I**

- **Net Nanny (Análisis contextual semántico):** Esta herramienta es reconocida por su motor de filtrado contextual dinámico. En lugar de depender exclusivamente de listas blancas o negras, Net Nanny evalúa el contenido de las páginas web en fracciones de segundo analizando el texto y el contexto en el que se utiliza, bloqueando dinámicamente sitios basándose en 14 categorías severas (Abuso, Desnudez, Gore, Pornografía, etc.). Es particularmente efectiva para familias cristianas que buscan bloquear artículos, foros y plataformas que promueven corrientes de pensamiento o ideologías sectarias que alteran la comprensión de la antropología humana, ya que su IA evalúa el contenido semántico de la página al momento exacto de la carga.

El salmista declaró con firmeza: *"No pondré delante de mis ojos cosa injusta"* (Salmos 101:3), y Jesucristo advirtió que *"la lámpara del cuerpo es el ojo; así que, si tu ojo es bueno, todo tu cuerpo estará lleno de luz"* (Mateo 6:22). Estas herramientas de prevención estricta actúan como guardianes de las puertas de los sentidos de nuestros hijos pequeños, garantizando que su "lámpara" no se llene de las tinieblas de un internet hipersexualizado y violento.

6.4 Transparencia sobre el monitoreo: La regla de oro inquebrantable

Llegamos a la directriz psicológica y relacional más crítica de este capítulo. Instalar estas poderosas herramientas en los dispositivos de tus hijos en absoluto secreto es un error profundo, perjudicial y que puede costar inmensamente caro a largo plazo.

La investigación científica y clínica respalda esta advertencia. *Un riguroso metaanálisis realizado por la prestigiosa London School of Economics (LSE), que examinó decenas de estudios sobre controles parentales, encontró que cuando los monitoreos y filtros se aplican a escondidas y el hijo inevitablemente los descubre, se produce un deterioro grave y sostenido de la confianza familiar. Curiosamente, la evidencia demuestra que cuando los adolescentes sienten que los espían de forma oculta o invasiva, buscan más la pantalla, no menos, y su respuesta inmediata es el resentimiento y el engaño. Perfeccionan rápidamente el "arte de mentir", creando cuentas secundarias falsas, utilizando dispositivos de amigos o borrando historiales de navegación sistemáticamente, logrando exactamente el resultado opuesto al que buscábamos: el secretismo extremo.*

La tecnología en el hogar no reemplaza la comunicación humana; la facilita y la enmarca. La instrucción bíblica de Proverbios 22:6 nos llama a *"instruir al niño en su camino"*, no a espiarlo desde las sombras o controlarlo ciegamente. La aplicación técnica de cualquier software solo es verdaderamente efectiva y formativa cuando el hijo entiende el profundo "por qué" moral detrás de ella.

Antes de instalar cualquiera de estas soluciones (Bark, Qustodio, Canopy o Family Link), debes sentarte con tus hijos, mirarlos a los ojos y tener una conversación empática, directa y basada en la verdad.

Puedes guiar la conversación usando estas palabras:

Capítulo 6. Arquitectura técnica II: Control de dispositivos (Endpoint)

"Hijo, en nuestro hogar valoramos tu mente, tu corazón y tu pureza. Estamos configurando esta seguridad juntos no porque yo desconfíe de ti como persona, sino porque en internet operan empresas y depredadores que utilizan tácticas comprobadas para lastimarte, robar tu atención y destruir tu paz. Es mi obligación sagrada como tu padre/madre protegerte de esos peligros, de la misma manera que te exijo ponerte el cinturón de seguridad cuando subes al auto. Te amo demasiado como para dejarte solo, vulnerable y a la deriva en este vasto mundo digital".

Un adolescente o niño que comprende profundamente el "por qué" de una cerca de protección tenderá a cooperar a largo plazo, sabiendo que el propósito es el amor. Por el contrario, un joven que solo experimenta una vigilancia arbitraria e inexplicable, dedicará su inteligencia y energía a buscar la manera de evadirla, destruyendo la alianza familiar.

Con nuestros dispositivos de punto final (endpoints) blindados y, lo que es más importante, con el corazón de nuestros hijos resguardado por el escudo de la transparencia y la confianza mutua, estamos verdaderamente listos para adentrarnos en el desafiante mundo de los ecosistemas cerrados, como los videojuegos y las consolas, terreno que abordaremos con urgencia en el próximo capítulo.

Reflexión Práctica a la Luz de la Palabra

Te insto a buscar la presencia de Dios en este momento, evaluar tus motivaciones parentales y responder a estas preguntas de introspección profunda:

1. **La Mayordomía de las Puertas:** Reconociendo que el internet en un dispositivo móvil es una puerta abierta al mundo entero, ¿has sido negligente ("simple") al entregar un teléfono a tus hijos sin activar siquiera los controles nativos del sistema? A la luz de Proverbios 22:3, ¿qué pasos específicos vas a tomar hoy para convertirte en un padre "avisado"?
2. **Control vs. Discipulado:** Al analizar la diferencia entre el bloqueo ciego y la vigilancia semántica (inteligencia artificial que alerta en lugar de espiar), evalúa tu corazón: ¿tu deseo de instalar controles parentales nace del miedo paralizante y la necesidad de control absoluto, o nace de un genuino deseo de discipular, proteger su pureza y enseñarles dominio propio sin exasperarlos (Colosenses 3:21)?
3. **El Costo del Engaño:** La Palabra nos exhorta: *"Por lo cual, desechando la mentira, hablad verdad cada uno con su prójimo"* (Efesios 4:25). A la luz de los estudios que demuestran que el espionaje secreto destruye la confianza, ¿estás dispuesto a tener una conversación incómoda, pero transparente, con tus hijos antes de instalar estos filtros? ¿Cómo les explicarás que el límite es una "cerca de amor" y no una prisión de desconfianza?

Capítulo 7. Entornos inmersivos: La seguridad en los videojuegos

Para muchos padres, el mundo de los videojuegos resulta ser un territorio desconocido, intimidante y a menudo desconcertante. Es profundamente común que sintamos que existe una barrera de lenguaje y comprensión insalvable entre nosotros y nuestros hijos cuando los vemos colocarse unos auriculares (headsets) y sumergirse durante horas en mundos virtuales, hablando una jerga que no entendemos con personas que no conocemos.

Sin embargo, para abordar este tema con la empatía de Cristo y con verdadera eficacia parental, debemos abandonar de inmediato la idea de que los videojuegos actuales son simples pasatiempos comparables a los que nosotros jugábamos en nuestra juventud. *Ya no se trata de mover un personaje pixelado de izquierda a derecha en una pantalla aislada. Hoy en día, las consolas y los juegos interactivos han trascendido su naturaleza lúdica para convertirse en gigantescas redes sociales inmersivas.*

El apóstol Juan nos enseña un principio teológico hermoso sobre la conexión: *"Y aquel Verbo fue hecho carne, y habitó entre nosotros"* (Juan 1:14). Jesús no nos gritó instrucciones desde el cielo; Él descendió, entró en nuestro mundo, habló nuestro lenguaje y habitó nuestra realidad para poder salvarnos. De la misma manera, el modelo de crianza empático nos exige no gritarles a nuestros hijos desde la puerta de su habitación que apaguen la consola, sino entrar en su mundo, entender sus dinámicas y guiar su corazón desde adentro. Este capítulo te guiará para entender estos nuevos espacios de socialización y te proporcionará las herramientas necesarias para asegurar que la experiencia de juego de tus hijos sea un espacio de diversión y desarrollo, libre de toxicidad, adicciones y depredadores.

Versión Digital Siempre Actualizada
Las interfaces de estas aplicaciones cambian constantemente. Escanea el código para acceder a las pantallas más recientes, tutoriales en video y enlaces directos de este capitulo.

O visita desde tu navegador:
www.newmasterkids.com/videogames

7.1 Las nuevas redes sociales y sus riesgos psicológicos ocultos

El primer concepto técnico y fundamental que debemos comprender es por qué las medidas perimetrales que implementamos en el Capítulo 5 (como el filtrador de red Pi-hole) no son suficientes por sí solas para el mundo del *gaming*. Los filtros web tradicionales operan leyendo las direcciones de las páginas, pero los videojuegos canalizan su inmenso tráfico a través de servidores propietarios fuertemente cifrados. Esto significa que, una vez que el juego se abre, el niño entra a un ecosistema cerrado donde las reglas del router de tu casa quedan ciegas.

Dentro de estos ecosistemas cerrados, los menores se enfrentan a riesgos que requieren un marco de ciberseguridad y acompañamiento independiente. Mientras que las niñas suelen ser más vulnerables a las redes sociales visuales (como Instagram), la literatura clínica y los datos empíricos de la Organización Mundial de la Salud (OMS) señalan que *el vector de riesgo principal para los niños varones reside en los ecosistemas de videojuegos. Un 34% de los adolescentes juega a diario, y los datos advierten que el 12% se encuentra en riesgo clínico de desarrollar un trastorno de juego problemático (frente al 7% en las niñas).*

Los principales vectores de riesgo inherentes a estos espacios incluyen:

- **El fenómeno del "Trolling" y el ciberacoso inmersivo:** La interacción en línea ha mutado hacia dinámicas de una hostilidad alarmante. El "trolling", frecuentemente ejecutado por otros adolescentes como una forma insana de entretenimiento sin medir las consecuencias, se centra en la humillación corporal, la burla sobre las habilidades individuales del jugador, la intimidación verbal y los ataques al estilo de vida. Los psiquiatras advierten que este acoso constante a través de los auriculares induce un estrés crónico en el menor, profundos sentimientos de aislamiento, vergüenza y, en casos extremos, ideación suicida.
- **Depredadores online a través de voz y texto:** El riesgo de contacto con depredadores en estos espacios es una de las amenazas más críticas. El anonimato del juego permite a adultos malintencionados hacerse pasar por adolescentes, ganando la confianza del menor a través de alianzas en el juego para luego trasladar la conversación a plataformas privadas y exigir fotografías o iniciar extorsiones.
- **Micropagos y dinámicas de apuestas (Loot Boxes):** La industria de los videojuegos ha adoptado tácticas de los casinos. Las "cajas de botín" o *loot boxes* exigen que el niño gaste dinero real para obtener una recompensa virtual aleatoria (como un traje o arma para su personaje). Esta mecánica secuestra la corteza prefrontal en desarrollo, inyectando dopamina de la misma forma que una máquina tragamonedas, generando estrés financiero, robo de tarjetas de crédito de los padres y, lo que es peor, sentando las bases neurológicas para la ludopatía (adicción a las apuestas) en la vida adulta.

El apóstol Pedro nos advierte con urgencia: *"Sed sobrios, y velad; porque vuestro adversario el diablo, como león rugiente, anda alrededor buscando a quien devorar"* (1 Pedro 5:8). En el siglo XXI, ese león a menudo no ruge físicamente; susurra a través de los auriculares de nuestros hijos mediante voces de extraños, acosadores e ideologías nocivas. La solución no es apagar el internet con pánico, sino requerir la configuración estricta de controles dentro del propio software del juego y a nivel de la consola.

7.2 Controles a nivel de cuenta y software: Blindando el ecosistema

Los dos gigantes indiscutibles del entretenimiento juvenil actual son **Roblox** y **Fortnite** (de Epic Games). Ambos han implementado herramientas de control parental sumamente robustas, pero requieren obligatoriamente que los padres abandonen la pasividad y tomen un rol activo en la configuración desde el momento en que se crea la cuenta.

El ecosistema de Roblox (La plataforma descentralizada):

Roblox no es un juego singular, sino una plataforma masiva y descentralizada donde millones de usuarios generan sus propios mundos virtuales. Esta misma descentralización lo convierte en un terreno sumamente fértil para contenido inapropiado, juegos de rol para adultos disfrazados y estafas. Para blindar a tus hijos, debes seguir estos pasos:

1. **Vinculación de cuentas:** Los padres deben crear una cuenta propia y vincularla a la del menor. Esto permite gestionar los controles a distancia y visualizar un panel de control con la lista de amigos, el historial de transacciones (Robux) y, lo más importante, las experiencias jugadas recientemente.

2. **Restricciones de comunicación:** Entra a "Configuración > Privacidad". Para menores de 13 años, las opciones de interacción deben restringirse drásticamente. El chat de voz y texto con desconocidos es el mayor peligro; por tanto, configura la opción para que solo pueda hablar con "Amigos" (previamente verificados por ti en la vida real) o, preferiblemente, ajústalo a "Nadie".
3. **Gestión de madurez y Restricciones de Cuenta:** Roblox permite seleccionar el nivel de experiencia adecuado para la edad. Al habilitar la función "Restricciones de cuenta", impones un entorno de máxima seguridad: se deshabilita completamente el chat y se limita el acceso exclusivamente a juegos curados y verificados oficialmente por Roblox, erradicando la exposición a escenarios ideológicos o lenguajes nocivos generados por terceros.
4. **El Blindaje (PIN):** Todas estas configuraciones carecen de valor si el niño puede revertirlas. Debes blindar el menú de privacidad mediante un PIN de 4 dígitos que solo tú conozcas. *(Nota: Si deseas permitir la socialización pero manteniendo una vigilancia semántica, recuerda que la aplicación Bark, vista en el capítulo 6, es capaz de integrarse con Roblox para monitorizar los chats y alertarte de peligros).*
5. **Para detalles de la Configuración puedes abrir en enlace que te compartí al comienzo de este capitulo.**

El ecosistema de Fortnite y Epic Games:

Epic Games ha madurado su enfoque de seguridad, unificando los controles parentales para aplicarlos a todos los juegos bajo su dominio, incluyendo títulos muy populares como Fortnite, Rocket League y Fall Guys.

1. **Cuentas Limitadas (Cabined Accounts):** En un esfuerzo admirable de la industria, al crear una cuenta para un usuario joven, Epic Games le asigna automáticamente el estado de "Cuenta Limitada". Este entorno de máxima seguridad bloquea por defecto el

chat de voz, el chat de texto, la compra de artículos con dinero real y la descarga de juegos no propios de Epic, hasta que el padre proporcione un consentimiento explícito.

2. **Gestión de voz y texto:** Dentro del portal web de Epic Games, los padres pueden establecer un PIN de seis dígitos. A través de este panel, debes restringir el chat de voz. Tienes las opciones de "Nadie", "Solo amigos", "Amigos y compañeros de equipo" o "Todos". Para proteger la pureza auditiva y mental de tu hijo frente a groserías, insultos y acoso tóxico, la recomendación estricta y absoluta es mantener este ajuste en "Nadie" o, a lo sumo, en "Solo amigos".
3. **Límites de tiempo:** El sistema de Epic también permite configurar bloqueos de horarios y proporciona informes de seguimiento, ayudándote a hacer cumplir los tiempos de descanso cognitivo pactados en familia.
4. **Para detalles de la Configuración puedes abrir en enlace que te compartí al comienzo de este capitulo.**

La Escritura dice: *"Sobre toda cosa guardada, guarda tu corazón; porque de él mana la vida"* (Proverbios 4:23). Configurar un PIN y restringir el chat de voz no es una exageración paranoica; es el cumplimiento literal de guardar las puertas del corazón y la mente de nuestros hijos de influencias que buscan marchitar su espíritu.

7.3 Controles a nivel de hardware (Las Consolas)

Un error crítico y muy frecuente en la ciberseguridad familiar es asegurar exhaustivamente el juego (configurando Fortnite, por ejemplo), pero descuidar por completo la consola física subyacente. Los adolescentes son ingeniosos; si se desactiva el chat de voz dentro de Epic Games, el menor podría simplemente crear un "Grupo de Chat" (Party Chat) a nivel del sistema operativo de la consola Xbox o PlayStation, evadiendo completamente tu restricción y comunicándose con extraños. Por lo tanto, debemos asegurar el *hardware*.

PlayStation (PS4/PS5) y Xbox:

Ambas plataformas requieren la creación de un ecosistema de "Administración de Familia". A través de sus excelentes aplicaciones móviles gratuitas *PlayStation Family* o *Xbox Family Settings* , el padre o madre se designa como administrador y añade las cuentas de los menores (*Para detalles de la Configuración puedes abrir en enlace que te compartí al comienzo de este capitulo)*.

Desde la comodidad de tu celular, este rol te permite:

- Restringir el acceso a juegos mediante el sistema internacional de clasificación por edades (PEGI/ESRB), impidiendo que un niño de 10 años ejecute un juego hiperviolento clasificado para mayores de 18 (M).
- Bloquear globalmente la comunicación (voz y texto) y el intercambio de imágenes con otros usuarios a nivel de todo el sistema operativo.
- Establecer topes mensuales de gasto en tarjetas de crédito a $0.00, erradicando el riesgo de las compras compulsivas.

Nintendo Switch:

Reconocida por su enfoque familiar, Nintendo proporciona una de las aplicaciones complementarias más intuitivas del mercado llamada *Control Parental de Nintendo Switch* (*Para detalles de la Configuración puedes abrir en enlace que te compartí al comienzo de este capitulo)*. A través de ella, los padres reciben informes mensuales detallados sobre la actividad lúdica. Permite establecer límites de tiempo diarios (por ejemplo, 1 hora de lunes a viernes, y 2 horas los fines de semana). Su función más poderosa es que, cuando se alcanza el límite de tiempo, la consola puede configurarse para mostrar una alarma visual o, de manera más firme, *suspender automáticamente la aplicación en curso, retirando de los padres el agotador papel de "policías del tiempo". Además, con un solo interruptor, restringe la publicación de capturas en redes sociales y la comunicación externa.*

El apóstol Pablo nos llama a la mayordomía de nuestros recursos y días: *"Mirad, pues, con diligencia cómo andéis, no como necios sino como sabios, aprovechando bien el tiempo, porque los días son malos"* (Efesios 5:15-16). Utilizar estas herramientas de hardware nos ayuda a educar a nuestros hijos en el dominio propio y en la administración sabia del tiempo que Dios les ha regalado.

7.4 Transformando la dinámica de juego: Alternativas con valores

No se trata simplemente de prohibir los videojuegos con una mentalidad restrictiva y amargada; se trata de redirigir la experiencia y aprovecharla como una oportunidad invaluable de conexión relacional. A menudo, nuestra postura frente a los videojuegos es combativa. Nos paramos frente a la pantalla con los brazos cruzados y exigimos que la apaguen.

Sin embargo, te ofrezco un cambio de paradigma radical: *un padre que se sienta en el sofá a jugar con su hijo durante 30 minutos gana más terreno en su corazón adolescente que diez largos sermones sobre el peligro de las pantallas*. En lugar de decir siempre "apaga el juego", te animamos a decir con entusiasmo "enséñame cómo se juega" o "juguemos juntos".

Para que esta experiencia sea edificante, existen maravillosas alternativas narrativas y cooperativas que transmiten valores del Reino de Dios y principios morales que todo padre puede respaldar gozosamente:

- **Minecraft (PEGI 7 - Para todas las edades):** Con más de 300 millones de copias vendidas, es un fenómeno mundial que fomenta la creatividad pura, la resolución de problemas espaciales, la ingeniería básica y la perseverancia. Evaluado con una altísima calificación de bienestar (WISE Score de 92/100), es ideal para niños y adolescentes. Jugado en un servidor privado familiar, es una excelente herramienta para construir proyectos virtuales en equipo, codo a codo con tus hijos.
- **Journey / Viaje (PEGI 7 - PlayStation y PC):** Una aventura visualmente impresionante y contemplativa, sin una sola palabra hablada y sin ninguna violencia. El juego enseña empatía profunda, asombro y el valor del acompañamiento silencioso en las pruebas de la vida. Es una experiencia artística magistral, ganadora de múltiples premios, ideal para jugarla como una metáfora de la vida cristiana junto a tu hijo.
- **Stardew Valley (PEGI 12 - Adolescentes):** Un simulador de granja y construcción comunitaria. A diferencia de los juegos de disparos frenéticos, este título enseña el valor del trabajo constante y honrado, la paciencia del agricultor, la administración de recursos y la generosidad hacia los vecinos de la comunidad.
- **Alternativas Espirituales Directas (MetaSaint y Custodio Animae):** Para familias que buscan un enfoque de fe inmersivo, el ecosistema de Roblox ofrece experiencias redimidas como *MetaSaint*. Creado por el sacerdote Rob Galea, este juego narra la historia de Jesús y alcanzó a 500,000 jóvenes en su primera semana de lanzamiento, llevando el Evangelio a su propio idioma digital. Por otro lado, *Custodio Animae* es un juego de rol web gratuito donde el jugador acompaña a un ángel custodio a través de la historia bíblica, sin violencia y con una narrativa teológica profunda.
- **Experiencias FísicoDigitales (Reto Bíblico):** Juegos innovadores como el *Reto Bíblico* combinan la experiencia táctil de un juego de mesa de trivia bíblica con una aplicación de realidad aumentada en la tableta. Esto crea un puente "phygital" (físico y

digital) perfecto para reunir a la familia alrededor de la mesa, uniendo la fascinación por la tecnología con el aprendizaje de la Palabra de Dios.

- **Ecosistemas Móviles de Entretenimiento (Radiant Life):** Como abordaremos a profundidad en el próximo capítulo sobre la "Capa Cero", la provisión de un "remedio" no se limita a las consolas de videojuegos. Operadores de telefonía enfocados en la familia cristiana, como Radiant Mobile, comprenden que la restricción de datos genera un vacío cognitivo que debe ser ocupado por experiencias ricas en significado. Por ello, empaquetan en sus suscripciones el acceso libre a "Radiant Life", una plataforma diseñada para desplazar el consumo de entretenimiento secular. A través de historias bíblicas animadas para la audiencia infantil, y producciones musicales teológicas, testimonios, entrevistas y podcasts para jóvenes y adultos. Este ecosistema fomenta el cultivo de una identidad sólida, compitiendo activamente por la atención del menor con narrativas que exaltan la virtud en contraposición a las tendencias superficiales de la cultura popular.

Moisés instruyó al pueblo de Israel sobre cómo enseñar la ley de Dios a la siguiente generación: *"Y las repetirás a tus hijos, y hablarás de ellas estando en tu casa, y andando por el camino..."* (Deuteronomio 6:7). Hoy, "andar por el camino" puede significar caminar juntos por un sendero virtual en Minecraft. Al comprender estos entornos, purificar sus riesgos y participar activamente en ellos, transformamos los videojuegos de una amenaza aislante que destruye la familia, a una herramienta más de pastoreo y discipulado encarnacional.

Con nuestros dispositivos de punto final asegurados mediante software, y los espacios inmersivos de juego blindados bajo un marco de valores familiares irreductibles, estamos verdaderamente preparados para la etapa final de nuestra estrategia integral: consolidar todo lo aprendido en acuerdos familiares y acciones sostenibles a largo plazo. Este será el tema triunfal que desarrollaremos en nuestro capítulo de cierre.

Reflexión Práctica a la Luz de la Palabra

Te motivo a que, antes de avanzar, apartes un momento de silencio, mires tu propia actitud frente al entretenimiento de tus hijos, y respondas ante Dios a estas preguntas de profundo autoexamen:

1. **La Encarnación vs. El Juicio:** Recordando que Cristo entró en nuestro mundo para salvarnos (Juan 1:14), ¿cuál es tu actitud general hacia los videojuegos de tus hijos? ¿Los miras desde lejos con juicio y desprecio constante, o estás dispuesto a sentarte a su lado, tomar un control, y "entrar a su mundo" para ganarte el derecho de pastorear su corazón?
2. **Las Voces en su Oído:** Considera la advertencia de 1 Pedro 5:8 sobre el león rugiente. Si tu hijo utiliza auriculares con micrófono, ¿sabes realmente quiénes son las voces que están sembrando ideas, modismos y valores en su mente cada tarde? ¿Qué acción inmediata tomarás hoy para auditar las configuraciones de voz de su consola o su cuenta de Epic Games/Roblox?
3. **Redimiendo el Tiempo de Ocio:** Sabiendo que el juego es el lenguaje natural del niño y del adolescente, ¿qué pasaría en la dinámica de tu hogar si propusieras un "tiempo de juego familiar" utilizando alternativas sanas (como *Minecraft* o *Reto Bíblico*) en lugar de simplemente prohibir el ocio? ¿Estás dispuesto a invertir 30 minutos de tu fin de semana para jugar con ellos y construir puentes de confianza inquebrantables?

Capítulo 8. Arquitectura técnica III: La Capa Cero y la Reedificación Celular

Habiendo caminado por el blindaje perimetral de nuestro Wi-Fi doméstico en el Capítulo 5 y el control minucioso de los dispositivos (*Endpoints*) en el Capítulo 6, nos adentramos luego en los entornos cerrados de los videojuegos en el Capítulo 7, donde descubrimos que el tráfico cifrado de las consolas requiere configuraciones específicas a nivel de cuenta y de *hardware*. Sin embargo, como atalayas constantes de nuestra familia, sabemos que existe un "punto ciego" masivo e itinerante: ¿qué sucede cuando nuestro hijo cruza la puerta de la casa, apaga la recepción Wi-Fi de su teléfono celular y comienza a navegar utilizando su plan de datos móviles?. En ese preciso instante, la fortaleza local queda atrás y el dispositivo queda expuesto por completo a la internet abierta.

Para cerrar este perímetro fuera de casa, hemos enseñado la instalación de perfiles de configuración de sumideros DNS en la nube o aplicaciones de monitoreo local en el sistema operativo (aplicaciones como NextDNS). No obstante, la convergencia entre la crianza, la neurociencia y la ciberseguridad ha alcanzado un punto de inflexión crítico con el nacimiento de lo que denominamos la **Capa Cero**: una infraestructura de inspección y filtrado directamente incrustada en el núcleo de la red del operador de telecomunicaciones (*Carrier-level filtering*).

Esta alternativa representa una solución estructural y robusta para aquellas familias que residen en los Estados Unidos y cuentan con la flexibilidad de elegir o cambiar fácilmente de proveedor de servicios de internet móvil (ISP).

8.1 El asedio móvil y la urgencia de una contención estructural

Criar a los hijos en el siglo XXI demanda que miremos de frente las estadísticas epidemiológicas que asedian a nuestra juventud, no desde un miedo paralizante, sino desde la responsabilidad espiritual y pastoral de proteger su inocencia. La literatura clínica contemporánea y los datos del entorno de las telecomunicaciones revelan una realidad alarmante: la edad promedio en la que los niños se exponen por primera vez a la pornografía ha descendido drásticamente a la franja de los 11 a 13 años, existiendo reportes documentados de incidentes trágicos en menores de tan solo 5 a 8 años. Más preocupante aún para nuestro corazón como padres es saber que entre el 40% y el 70% de estas exposiciones iniciales ocurren de manera completamente accidental o no intencionada. Un anuncio emergente, un enlace engañoso en una plataforma social o un algoritmo corporativo diseñado exclusivamente para retener la atención son vectores suficientes para propiciar un encuentro que altere la pureza mental de un niño.

Esta hiperestimulación visual y auditiva no es inofensiva; altera profundamente el circuito de recompensa cerebral e inunda la mente inmadura con chispazos artificiales de dopamina, generando patrones compulsivos idénticos a los de una adicción a sustancias químicas.

Cuando carecíamos de herramientas tecnológicas avanzadas, podíamos argumentar impotencia o ignorancia compartida. Sin embargo, en una época donde disponemos de operadores de telefonía móvil capaces de aplicar un bloqueo radical desde su origen, la pasividad deja de ser un límite técnico y se convierte en una omisión como padres.

Recordemos la solemne advertencia del sacerdote Elí en 1 Samuel 3:13: Dios juzgó su casa para siempre porque sus hijos habían blasfemado y él eligió la comodidad de la pasividad; él "no los había estorbado". *En nuestro contexto digital, "estorbar" el camino hacia la iniquidad significa intervenir activamente en la infraestructura por la que fluyen los datos.* Decidir conscientemente a qué compañía le pagamos la factura de internet móvil celular es el primer paso para levantar una cerca de amor que libre la batalla por la pureza a favor de nuestra familia.

8.2 Arquitectura de la Capa Cero: Filtrado a nivel de operador

La diferencia fundamental de este enfoque respecto a las herramientas tradicionales de control de dispositivos (*Endpoints*) radica en el nivel del Modelo OSI (Open Systems Interconnection) en el que se ejecuta la contención de las amenazas. Mientras que las Capas II y III operan instalando aplicaciones locales que un adolescente con habilidades informáticas básicas puede intentar desinstalar, eludir o enmascarar mediante la alteración de DNS o el uso de Redes Privadas Virtuales (VPN), la **Capa Cero** se sitúa en la infraestructura física del proveedor de telecomunicaciones.

Compañías pioneras en el ámbito de las "Telecomunicaciones Paralelas" dentro del mercado cristiano estadounidense, como **Radiant Mobile**, operan bajo la modalidad de Operador Móvil Virtual (OMV o MVNO) apalancándose sobre la extensa red nacional 5G de T-Mobile. Esto garantiza a los suscriptores acceso a conectividad de banda ancha de grado comercial sin latencias perceptibles y bajo la filosofía de "traiga su propio dispositivo" (BYOD), evitando la necesidad de adquirir un *hardware* limitado de fábrica. El aprovisionamiento de las líneas, la facturación y la portabilidad numérica se gestionan de forma fluida a través de suites especializadas como la de Compax Venture, permitiendo conservar el número telefónico actual de tus hijos al migrar al nuevo servicio.

El verdadero motor que hace posible este filtrado perimetral masivo es provisto por firmas globales de ciberseguridad como **Allot**, las cuales integran dos componentes arquitectónicos críticos en la señal:

- **NetworkSecure:** Se sitúa "en línea" (*inline*) dentro del núcleo de la red celular de datos. Absolutamente todo el tráfico de internet originado o destinado al dispositivo móvil es enrutado y analizado en tiempo real antes de llegar a la pantalla. Al residir en la operadora, la protección es inherentemente inviolable (*un-hackable*), carece de puntos ciegos y permanece inmune al enmascaramiento de tráfico por VPN locales. Los paquetes perjudiciales son interceptados y aniquilados antes de alcanzar el teléfono.
- **OffNetSecure:** Aborda el mayor desafío de las soluciones basadas en el operador, el cual surge cuando el dispositivo se desconecta de la red celular 5G y se enlaza a una red Wi-Fi ajena (como la del colegio, una cafetería o la casa de un amigo). Mediante una aplicación complementaria que integra este SDK en el teléfono del menor, el sistema detecta el abandono de la señal celular y levanta inmediatamente un túnel cifrado que redirige las consultas DNS de vuelta a los filtros seguros de la operadora, garantizando una sombrilla de protección ininterrumpida.
- **Para detalles de la instalación ver Anexo L**

A través de esta inteligencia de red, el ciberespacio es categorizado en más de 120 divisiones semánticas. El sistema aplica un bloqueo duro e irrevocable a nivel de sistema para toda forma de material pornográfico y desnudez explícita, sin interruptores de anulación para ningún usuario. Asimismo, categorías vinculadas a amenazas vitales como el extremismo, la violencia y las autolesiones están completamente erradicadas de la red, permitiendo a los padres perfiles basados en la edad y la capacidad de restringir de un plumazo portales de sectas, satanismo, juegos de azar o foros ideológicos que alteran los valores del hogar.

8.3 Sinergia multidimensional: Acoplando la red con las Capas II y III

Es de vital importancia entender, bajo nuestra estrategia de "Defensa en Profundidad", que la implementación de la Capa Cero no vuelve obsoletas las herramientas de software local de las capas superiores, sino que se acopla con ellas en una alianza y sinergia perfectas.

Imaginemos la red móvil purificada como el foso y el alto muro exterior de un castillo; su función es estructural e impide de raíz que los sitios web nocivos se acerquen a las puertas del dispositivo. Sin embargo, si como padres autorizamos el uso de una aplicación de mensajería legítima o una red social aprobada (como WhatsApp, iMessage o Instagram), el proveedor de la red celular es ciego por completo al texto cifrado de extremo a extremo que se intercambia dentro de esos canales privados.

Es exactamente en ese espacio interno del castillo donde interactúan de manera coordinada nuestras herramientas de Endpoint (Capa II) y controles de plataforma (Capa III):

- **Vigilancia semántica complementaria (Bark):** Mientras la Capa Cero bloquea el acceso a dominios hostiles, la Inteligencia Artificial de Bark actúa como el guardia interno de los pasillos digitales. Bark no bloquea el internet general, sino que lee semánticamente la actividad dentro de las aplicaciones permitidas, alertando exclusivamente al tablero parental si detecta indicios de ciberacoso, contacto con depredadores o ideación suicida en chats privados, honrando la privacidad sin abandonar la protección.
- **Prevención estricta y límites granulares (Qustodio y Canopy):** Nos permiten complementar la inviolabilidad de la red

celular fijando topes de tiempo milimétricos para el uso diario de aplicaciones locales, al tiempo que Canopy añade modelos de análisis visual para difuminar imágenes explícitas en fracciones de segundo directamente en la pantalla del menor.

El uso simultáneo de una red celular purificada y una inteligencia artificial de acompañamiento constituye la armadura completa e impenetrable que demanda la era digital.

8.4 Herramientas de contención y la provisión de alternativas con valores

Nuestra arquitectura de la vida diaria y el fomento del descanso cognitivo se ven grandemente facilitados mediante las utilidades de gestión perimetral que estos operadores modernos integran dentro de sus paneles de administración, conocidos como **Radiant Shield**. En lugar de obligar a los padres a operar como policías constantes dedicados a la confiscación física de los dispositivos (lo que a menudo desgasta el vínculo y genera resentimiento familiar), las directrices de los Acuerdos Digitales Familiares se automatizan de manera mecanicista directamente desde la red celular.

A través de la funcionalidad Blocked Time, la transferencia de datos móviles hacia el perfil individual de cada hijo puede desactivarse calendarizadamente a una hora prudente de la noche. Al llegar la hora pactada, el flujo de datos cesa por completo a nivel de antena, inutilizando la capacidad de cargar videos encadenados o interactuar en servidores de videojuegos en línea, propiciando de manera natural la transición biológica hacia el sueño y la higiene mental obligatoria. De igual manera, ante momentos sagrados de desconexión familiar voluntaria, la función de un solo toque *Quiet Time permite ejecutar apagones de red manuales inmediatos por periodos específicos, disolviendo de tajo la tentación de la distracción digital y resguardando el espacio para la conversación lateral significativa cara a cara.*

Finalmente, la neurobiología del desarrollo nos recuerda de forma implacable que remover un estímulo altamente adictivo (como las plataformas de desplazamiento infinito) genera un vacío cognitivo que, de no ser ocupado por experiencias ricas y llenas de significado, deviene en síndromes de frustración e irritabilidad extrema. Fieles al mandato de reintroducir experiencias analógicas y el pastoreo de las almas, es imperativo complementar los límites de red ofreciendo alternativas que edifiquen su ser y su fe.

Ecosistemas integrados de distribución de contenido digital limpio, como *Radiant Life*, se empaquetan dentro de estos servicios móviles para competir directamente por la atención del menor frente a las tendencias superficiales de la cultura secular. Mediante el acceso libre a producciones musicales teológicas, podcasts de crecimiento espiritual, testimonios de fe interactiva e historias bíblicas semanales diseñadas especialmente para el entorno móvil, los padres disponen de una buena cantidad de recursos narrativos para sembrar la Identidad Revelada de sus hijos en sus momentos cotidianos de ocio. De este modo, la tecnología deja de operar como una cisterna rota que derrama ansiedad y aislamiento, transformándose en una herramienta más de mayordomía cristiana que preserva el legado eterno de nuestro hogar.

Reflexión Práctica a la Luz de la Palabra

Te animo a que busques un rincón de quietud a solas con Dios, abras las páginas de tu Biblia y respondas con total honestidad en tu corazón ante el Señor de tu vida:

1. **La Mayordomía de la Factura Familiar:** Al evaluar el principio de proteger las puertas de entrada a nuestra casa (Salmos 101:3), ¿eres consciente de si la compañía de telecomunicaciones a la que pagas mensualmente el plan celular de tus hijos es una aliada en la batalla por su pureza o una proveedora pasiva de sobreexposición accidental?. ¿Qué pasos de modelaje radical estás dispuesto a asumir hoy si vives en un entorno propicio para la migración de red?.
2. **El Diagnóstico de la Armadura Completa:** Sabiendo que la Palabra nos manda a vestirnos de toda la armadura de Dios (Efesios 6:11), ¿se encuentra tu estrategia de ciberseguridad familiar cojeando al depender de una sola regla frágil, o estás dispuesto a asumir el esfuerzo del atalaya para coordinar la Capa Cero del operador con la Capa II de inteligencia artificial en sus dispositivos permitidos?.
3. **El Destierro de las Cisternas Rotas:** Al limitar o calendarizar automáticamente la conectividad móvil nocturna de tus hijos para cuidar su mente (Proverbios 4:23), ¿cómo vas a guiar de forma intencional el vacío de dopamina que esto provocará en su rutina?. ¿De qué maneras vas a acompañar su vida cotidiana con momentos de sintonía analógica, oración conjunta o recursos formativos que afirmen su verdadera identidad en Dios?.

Capítulo 9. Conclusión: Acompañamiento, diálogo y acción

Hemos recorrido un largo, desafiante y revelador camino a lo largo de este libro. Desde desentrañar los oscuros mecanismos neurobiológicos que secuestran la atención de nuestros jóvenes mediante la dopamina, hasta sumergirnos en las entrañas técnicas de los enrutadores, los sumideros DNS, las aplicaciones de inteligencia artificial y la revolucionaria Capa Cero de la reedificación celular. Es completamente natural que, al asimilar tanta información técnica y psicológica, experimentes una mezcla de urgencia, preocupación e incluso un poco de fatiga.

Sin embargo, este último capítulo está diseñado para ser un bálsamo y una brújula definitiva. La tecnología, por más sofisticada que sea la arquitectura de red que hemos construido, es fría, binaria y carece de alma. *Un firewall o una antena de transmisión no pueden consolar a un adolescente después de un mal día en la escuela, ni un algoritmo puede enseñarle su verdadero valor y propósito eterno.* Es aquí donde la técnica debe doblegarse y cederle el paso a la humanidad, al vínculo y al pastoreo pastoral. Este capítulo final consolida todo lo aprendido y lo transforma en una filosofía de vida diaria, entregándote un plan de acción segmentado para que la tecnología vuelva a ser una simple herramienta en tu hogar, y no el amo dictatorial de tus hijos.

9.1 El rol irreemplazable de los padres: El puerto seguro

Si una verdad debe quedar grabada a fuego en la mente de cada familia tras leer este libro, es esta: *ninguna aplicación de control parental ni ningún operador de telefonía blindada, por más avanzados o costosos que sean, pueden sustituir la presencia activa, perdonadora y amorosa de un padre o una madre. La tecnología actúa como un muro de contención vital, pero el acompañamiento familiar sigue siendo el pilar indispensable para dotar a los jóvenes del criterio moral necesario para navegar en un mundo caído e hiperconectado.*

Existe una brecha trágica y profunda entre lo que los niños sienten y lo que realmente hacen cuando se enfrentan a un peligro digital. Los datos de investigaciones revelan que el 89% de los niños afirma sentirse cómodo acudiendo a sus padres si algo en internet los hace sentir inseguros. La teoría suena reconfortante, pero la realidad práctica es alarmante: solo el 39% de los menores que enfrentan amenazas cibernéticas reales (como el ciberacoso, la extorsión, la depredación o la exposición a pornografía) se lo cuenta a sus progenitores.

¿Por qué existe esta enorme brecha de comunicación? Porque los jóvenes temen la "pena de muerte digital". Temen que, si confiesan un error, una caída o una agresión, la respuesta impulsiva del adulto sea confiscarles el teléfono o desconectarlos de su mundo social. Cerrar esta brecha es nuestra tarea más urgente. Para lograrlo, debemos asumir el rol bíblico de ser un *"refugio y fortaleza"* (Salmos 46:1). Esto implica cambios de paradigma drásticos en nuestra forma de criar:

- **Evitar la penalización del reporte:** Organizaciones globales como *Save the Children* recomiendan enfáticamente que los niños nunca deben temer perder el acceso a sus dispositivos por el mero hecho de reportar un problema que encontraron en línea. Si un hijo confiesa haber caído o haber sido contactado por un extraño, y nuestra reacción es gritar y quitarle el celular, el adolescente aprenderá una lección destructiva: ocultar sus problemas en el futuro. Debemos reaccionar con la gracia del padre del hijo pródigo (Lucas 15); cuando el mundo los lastime, deben correr hacia nosotros, no esconderse de nosotros.

- **Transparencia absoluta sobre el control ciego:** Un análisis profundo realizado por la *London School of Economics*, que examinó decenas de estudios, advierte que los controles parentales implementados en secreto generan resultados profundamente adversos. Cuando los hijos descubren que están siendo monitoreados a escondidas, se produce un deterioro sostenido de la confianza familiar que los lleva a un mayor secretismo, engaño y rebelión, logrando exactamente el efecto opuesto al que buscábamos.
- **Abandonar las métricas simplistas:** Instituciones de salud de primer nivel, como la Academia Americana de Pediatría, abogan hoy por un modelo contextual donde se evalúe la calidad del contenido y se acompañe al menor activamente, abandonando las recomendaciones rígidas basadas únicamente en límites de tiempo. La propia UNICEF refuerza esta posición, señalando que prohibir ciegamente el acceso al mundo en línea puede socavar el desarrollo de habilidades esenciales, sin proteger realmente la salud mental del joven a largo plazo.

En esencia, la pantalla le ofrece a tu hijo una identidad fabricada a base de algoritmos, "likes" y tendencias fugaces. Sin embargo, solo un padre y una madre presentes pueden ofrecerle una identidad revelada, basada en el amor incondicional y en el diseño único que Dios le ha dado.

9.2 Acuerdos digitales: De la imposición a la alianza familiar

La transición de la infancia a la adolescencia requiere que nuestro estilo de crianza evolucione obligatoriamente. Pasar de la restricción total en los primeros años, a una "democracia guiada" y, eventualmente, a una alianza madura con nuestros hijos adolescentes es vital. No podemos gobernar la vida digital de un joven de 16 años con las mismas reglas inflexibles que usamos para uno de 8.

Para institucionalizar estas reglas sin generar resentimiento ni amargura, la mejor estrategia, respaldada por la psicología familiar, es crear un *Acuerdo Digital Familiar*. En la Biblia, Dios no simplemente impone reglas de forma tiránica; Él establece "Pactos" (alianzas) con Su pueblo, basados en el amor, las promesas y las consecuencias claras. Nuestro acuerdo familiar debe funcionar como un contrato moral y práctico dentro de la casa, un pacto de convivencia que incluye a todos los miembros de la familia, ¡incluyendo a los adultos!

Un Acuerdo Digital Familiar efectivo debe estructurarse bajo los siguientes pilares (ver **Anexo J** para una versión inicial que puedes adaptar a tu dinámica familiar):

1. **Zonas y horarios sagrados (Cercas de amor):** El acuerdo debe estipular claramente los santuarios de la casa libres de tecnología. Por ejemplo, se debe establecer como regla inquebrantable que no hay pantallas en la mesa del comedor durante las comidas, protegiendo la conversación lateral. Además, el celular no debe entrar al cuarto durante la noche. Los estudios demuestran que el 46% de los adolescentes que acceden a contenido dañino o explícito lo hacen desde su habitación, de noche y sin ninguna supervisión.
2. **Privacidad con rendición de cuentas:** En la etapa adolescente (12-17 años), el acuerdo debe reflejar un sabio equilibrio. Se le otorga privacidad relacional al joven, asegurándole que no leerás todos sus mensajes de texto cotidianos, pero se establece claramente que usarás herramientas de monitoreo semántico (como Bark) que solo alertarán si la inteligencia artificial detecta indicios de acoso, depresión, extorsión o contenido sexual explícito. Esta condición fomenta la confianza mutua, demostrando que guías sin asfixiar.

3. **Reglas para los adultos (Modelaje radical):** El acuerdo pierde absolutamente todo su peso moral y espiritual si los padres no se someten a él. Debes declarar en el acuerdo tus propios compromisos. Decir en voz alta: "De 6:00 p.m. a 8:00 p.m., mi teléfono estará guardado en la caja; ese tiempo es exclusivo de ustedes", demuestra congruencia y establece un estándar innegociable de respeto. Los padres que predican sobre los peligros de las pantallas mientras revisan sus propios teléfonos durante la cena pierden la autoridad de inmediato.
4. **Consecuencias predecibles, no reacciones emocionales:** El acuerdo debe incluir qué sucede, sin lugar a dudas, si se rompen las reglas (por ejemplo, instalar una aplicación sin permiso o burlar los horarios). *"Que vuestro sí sea sí, y vuestro no sea no"* (Mateo 5:37). Si las consecuencias están acordadas y escritas de antemano, el padre no necesita actuar desde la ira, los gritos o el castigo impulsivo, sino simplemente hacer cumplir el trato mutuo con serenidad.

9.3 Hoja de ruta estratégica de despliegue

Conocer la teoría neurocientífica y la teología de la familia es fundamental, pero el caos de la rutina diaria a menudo paraliza la implementación. Tal como Nehemías reconstruyó los muros de Jerusalén con orden, paciencia y por secciones (Nehemías 3), debes desplegar esta arquitectura de protección a tu propio ritmo.

A continuación, se presenta la hoja de ruta estratégica dividida en fases. La **Fase 1** es universal e innegociable para cualquier hogar. A partir de la **Fase 2**, deberás elegir conscientemente el camino de infraestructura técnica que mejor se adapte a la realidad geográfica, la flexibilidad de proveedores y la madurez de tu familia.

Fase 1: Saneamiento Emocional y Auditoría (Semanas 1 y 2 - Común para ambos caminos)

No toques un solo cable del enrutador de internet, no cambies de proveedor ni descargues una sola aplicación hasta haber preparado el terreno emocional.

- **Iniciar con la vulnerabilidad:** Siéntate con tus hijos, míralos a los ojos y pide perdón si has estado ausente emocionalmente o si has usado las pantallas como "chupetes emocionales" debido al agotamiento diario.
- **Instaura el ritual nocturno:** Comienza esta misma noche con "Las 3 del Día". Dedica 10 minutos al borde de su cama, sin teléfonos cerca, para escuchar qué fue lo mejor de su día, qué fue lo más difícil y orar por ellos.
- **Realiza un inventario:** Observa silenciosamente cuántas horas reales pasan tú y tu familia en los dispositivos e identifica los momentos de mayor conflicto relacional.

CAMINO TÁCTICO A: Optimización Perimetral Local (Capas 1, 2 y 3)

Este camino es ideal para familias que no residen en los Estados Unidos o que, por condiciones contractuales o de cobertura, no pueden cambiar fácilmente de proveedor de telefonía móvil tradicional, prefiriendo robustecer el control perimetral dentro del Wi-Fi de casa y aplicar perfiles individuales independientes (ver ***Anexo K*** *para tener un documento físico tipo check list donde puedas hacer seguimiento a la aplicación del camino táctico A).*

Fase 2: Implementación de la Arquitectura Técnica Local (Semanas 3 y 4)

- **Levantar la barrera perimetral de casa (Capa 1):** Adquiere y configura tu sistema de red local. Puedes optar por montar un sumidero DNS local de código abierto con **Pi-hole** en una Raspberry Pi (ver **Anexo B**) o conectar un dispositivo perimetral avanzado como **Firewalla** (ver **Anexo A**) para ejecutar Inspección Profunda de Paquetes dentro del hogar. Esto blindará la puerta digital de tu Wi-Fi contra pornografía, malware y dominios hostiles.
- **Configurar la protección móvil en la nube (NextDNS):** Para cerrar el punto ciego cuando tus hijos salen de casa y usan redes móviles o Wi-Fi externos, instala de forma transparente un perfil de configuración cifrado de **NextDNS** (ver **Anexo C**) en sus sistemas operativos. Configura el panel web para bloquear aplicaciones adictivas y forzar el SafeSearch.
- **Instalación transparente de software de punto final (Capa 2):** Reúnete con tus hijos para instalar las aplicaciones Endpoint en sus celulares y computadoras. Configura **Bark** para una vigilancia semántica basada en alertas de IA si tus hijos son adolescentes, o implementa **Qustodio** o **Canopy** si son niños más pequeños que requieren un bloqueo preventivo estricto y un filtro visual en tiempo real.
- **Asegurar entornos inmersivos y consolas (Capa 3):** Accede a los sistemas operativos de Nintendo Switch, Xbox o PlayStation (ver **Anexo F**). Deshabilita por completo el chat de voz con desconocidos, restringe las compras a $0.00 y fija topes de horario mediante las aplicaciones de control de hardware. Bloquea además las interacciones con extraños dentro de los perfiles de Roblox y Epic Games (Fortnite).

Fase 3: Sustitución de Hábitos Analógicos (Mes 2 en adelante)

- **Implementar el "Sábado Digital":** Designa un día a la semana en el que la familia entera se abstenga por completo de usar pantallas recreativas, sustituyendo el ocio virtual por experiencias analógicas.
- **Introducir rutinas de sintonía humana:** Elige al menos una actividad semanal del Capítulo 4 para llenar el vacío de dopamina rápida: cocinar juntos una vez a la semana para propiciar la "conversación lateral", realizar una caminata semanal de 20 minutos sin celulares o coordinar un servicio comunitario mensual que desplace el narcisismo de las redes.

CAMINO TÁCTICO B: Reedificación Celular en la Capa Cero (Capas 0, 2 y 3)

Este camino es el estándar de oro para familias que residen en los Estados Unidos, valoran la simplificación de procesos y poseen la flexibilidad de migrar de proveedor de telefonía móvil, buscando una protección estructural ineludible y un entorno unificado de entretenimiento con valores (ver **Anexo M** *para tener un documento físico tipo check list donde puedas hacer seguimiento a la aplicación del camino táctico A).*

Fase 2: Despliegue de la Infraestructura Celular Limpia (Semanas 3 y 4)

- **Migración al Proveedor Móvil Filtrado (Capa 0):** Realiza el proceso de portabilidad numérica de las líneas de tu familia hacia una infraestructura de telecomunicaciones paralelas como **Radiant Mobile**. Instala las tarjetas SIM o eSIM estándar en los teléfonos desbloqueados de tus hijos para conectarlos a la red nacional 5G de T-Mobile (ver **Anexo L**).

- **Configurar la matriz de Radiant Shield:** Ingresa a la aplicación móvil de administración parental y activa el filtrado semántico operado por Allot. Verifica el bloqueo duro e inmutable contra la pornografía, calibra los filtros por edad para narcóticos y activa los interruptores opcionales para vetar sitios de apuestas, sectas o corrientes ideológicas nocivas (ver **Anexo L**).
- **Neutralizar fugas de red con OffNetSecure:** Instala obligatoriamente la aplicación del operador en el teléfono de cada hijo y otorga los permisos administrativos. Esto activará el SDK que levanta un túnel cifrado cada vez que el menor se conecte a un Wi-Fi ajeno (colegio o cafeterías), desviando el tráfico de regreso a los filtros de inspección profunda de la operadora (ver **Anexo L**).
- **Automatizar el descanso nocturno:** Configura la herramienta *Blocked Time* en el panel parental para suprimir la transferencia de datos móviles de forma calendarizada a nivel de antena a partir de las 8:30 p.m., forzando la transición biológica al sueño sin discusiones manuales (ver **Anexo L**).
- **Acoplar los guardias internos de la Capa 2:** Debido a que el operador celular no puede inspeccionar el texto cifrado de extremo a extremo dentro de los chats de aplicaciones aprobadas (como WhatsApp o Instagram), instala **Bark** en los dispositivos para monitorizar semánticamente las conversaciones y alertarte en caso de ciberacoso, sexting o depredación.
- **Blindar las plataformas de juego (Capa 3):** Configura los controles parentales nativos a nivel de consolas y cuentas de videojuegos multijugador para inhabilitar chats de voz con extraños y restringir micropagos, impidiendo desvíos relacionales (ver **Anexo F**).

Fase 3: Sustitución de Hábitos y Provisión de Remedio (Mes 2 en adelante)

- **Redimir el ocio con la suite Radiant Life:** Utiliza la plataforma de streaming y distribución multimedia incluida en tu plan móvil para desplazar el consumo secular adictivo. Inunda de forma activa el entorno cotidiano de tus hijos reproduciendo en sus dispositivos las historias bíblicas animadas, música teológica, podcasts de fe y testimonios diseñados para cultivar una identidad sólida cimentada en Dios.
- **Institucionalizar los espacios familiares:** Utiliza la función de un solo toque *Quiet Time* de tu aplicación para pausar instantáneamente los datos celulares durante las cenas en el hogar, abriendo el espacio físico para dinámicas analógicas como cocinar juntos o noches de juegos de mesa en familia.
- **Implementar el "Sábado Digital":** Designa un día a la semana en el que la familia entera se abstenga por completo de usar pantallas recreativas, sustituyendo el ocio virtual por experiencias analógicas.
- **Introducir rutinas de sintonía humana:** Elige al menos una actividad semanal del Capítulo 4 para llenar el vacío de dopamina rápida: cocinar juntos una vez a la semana para propiciar la "conversación lateral", realizar una caminata semanal de 20 minutos sin celulares o coordinar un servicio comunitario mensual que desplace el narcisismo de las redes.

Palabras Finales: El Legado contra el Algoritmo

La labor de la crianza en el siglo XXI puede sentirse a menudo como navegar en una tormenta violenta sin brújula, pero como creyentes, no estamos solos ni desarmados. El llamado profético a *"volver el corazón de los padres hacia los hijos"* (Malaquías 4:6) no es solo un buen consejo psicológico, es una misión crítica para nuestra era y una responsabilidad espiritual ineludible. *La tecnología avanza a una velocidad que roza lo incomprensible, pero las necesidades de apego del alma humana y los principios eternos de Dios permanecen inmutables.*

Como padres que profesamos la fe cristiana, tenemos el deber sagrado de ser los atalayas y guardianes del corazón de nuestros hijos. La Biblia nos presenta una advertencia cruda, dolorosa y sumamente solemne en la historia del sacerdote Elí:

> *"Aquel día yo cumpliré contra Elí todas las cosas que he dicho sobre su casa, desde el principio hasta el fin. Y le mostraré que yo juzgaré su casa para siempre, por la iniquidad que él sabe; porque sus hijos han blasfemado a Dios, y él no los ha estorbarlo"* (1 Samuel 3:12-13).

Este pasaje nos confronta con una realidad de la que no podemos huir: no basta con amar sentimentalmente a nuestros hijos o estar físicamente sentados en la misma sala compartiendo el mismo techo. Elí "sabía" lo que sus hijos estaban haciendo en lo oculto, pero eligió la pasividad de la comodidad relacional; él "no los estorbó". No puso las cercas necesarias ni intervino con firmeza para proteger su integridad moral y su eternidad.

En nuestro contexto actual, "estorbar" el camino hacia la iniquidad significa intervenir activamente en sus vidas digitales. Significa poner filtros de red locales, migrar a operadoras filtradas de Capa Cero, instalar Bark, establecer Acuerdos Digitales y sostener conversaciones difíciles. No como un legislador amargado, legalista y distante, sino como un guía presente y empático que les brinda bases éticas sólidas basadas en la Palabra de Dios.

Nuestra misión es recuperar el hogar para establecer un legado. No podemos permitirnos el lujo de la pasividad, o terminaremos viviendo la tragedia de Jueces 2:10: *"Y se levantó después de ellos otra generación que no conocía a*

Jehová, ni la obra que él había hecho". Esta no es solo una advertencia histórica; es el fiel e inquietante retrato estadístico de nuestra actualidad. Investigadores contemporáneos como Jean Twenge (en *iGen*) y Jonathan Haidt (en *The Anxious Generation*) documentan una correlación empírica consistente: *la generación que más tiempo pasa aislada en pantallas registra de manera simultánea los niveles más bajos de práctica religiosa, sentido de trascendencia, propósito y bienestar emocional en la historia medida.*

Debemos ser profundamente conscientes de que el algoritmo de Silicon Valley nunca fue diseñado para formar el alma de nuestros hijos; fue programado matemáticamente para capturar y retener su atención el mayor tiempo posible para el frío beneficio corporativo. Solo un padre y una madre presentes, ungidos por el Espíritu Santo, pueden hacer lo que ninguna inteligencia artificial logrará jamás: mirar a su hijo a los ojos, abrazarlo y recordarle quién es Dios y quién es él ante Su creador.

Elegir la presencia real sobre la pantalla luminosa es un acto de obediencia radical que construye un vínculo para toda la eternidad. Te animo a que no esperes el escenario perfecto ni la madurez técnica absoluta para empezar. Elige hoy reemplazar los momentos de distracción vacía con momentos de oración fervorosa y diálogo genuino. Levanta las barreras técnicas necesarias en tu router o en tu proveedor de telefonía celular como un profundo acto de amor, y dedica tiempo cada día para *"contar a la generación venidera las alabanzas del Señor"* (Salmos 78:4), asegurando que su esperanza permanezca siempre anclada en Él.

El corazón de tu hijo te está esperando ansiosamente, y Dios ha prometido restaurar nuestras familias. Levántate, asume tu posición en el muro; no es demasiado tarde para reconectar y guiar a quienes más amas hacia la gloriosa luz de la verdad.

Reflexión Práctica a la Luz de la Palabra

Te ruego que, antes de cerrar este libro y volver al bullicio de tu rutina, tomes tu Biblia, busques un lugar de quietud total, y respondas ante el Señor a estas tres últimas preguntas de consagración:

1. **El Pecado de Omisión de Elí:** Examina tu corazón con la luz de 1 Samuel 3:13. ¿Hay alguna aplicación, red social, videojuego, relación virtual o comportamiento en la vida digital de tu hijo que tú "sabes" que está mal, pero que por cobardía, cansancio o deseo de evitar un conflicto en casa no has "estorbado"? ¿Qué paso concreto y valiente de contención vas a tomar hoy para intervenir y proteger su pureza?
2. **El Pacto Familiar:** En Josué 24:15, el líder declara: *"Pero yo y mi casa serviremos a Jehová"*. Al considerar las bases del Acuerdo Digital Familiar, ¿estás dispuesto a someter tus propios hábitos tecnológicos (tu tiempo de scroll en el celular, tus distracciones de trabajo en la mesa) a las mismas reglas de integridad que le exiges a tus hijos, liderando tu casa con un testimonio limpio?
3. **El Legado Generacional:** Lee Jueces 2:10. Dependiendo del camino técnico que hayas elegido (Camino A u Optimización Local; Camino B o Reedificación de Capa Cero), ¿qué acciones intencionales, analógicas y espirituales vas a implementar en las próximas 48 horas (un tiempo de sintonía al borde de la cama, una caminata sin celulares, un bloque de Radiant Life conjunto) para asegurar que la mente de tu hijo sea discipulada por la Palabra de Dios y no por el algoritmo de una red social?

Anexo A: Construyendo la Primera Línea de Defensa con Firewalla

Propósito de esta guía: Implementar Firewalla en tu hogar es el equivalente digital a poner un buen cerrojo en la puerta principal. Esta herramienta es un pequeño dispositivo que actúa como el "guardián" de tu red Wi-Fi, aplicando nuestros valores familiares a *todos* los dispositivos conectados en casa al mismo tiempo (desde los celulares hasta las consolas de videojuegos y televisores inteligentes). Bloquea el contenido nocivo antes de que siquiera llegue a las pantallas de nuestros hijos. No se requieren conocimientos avanzados de informática, solo el corazón de un padre o una madre dispuestos a proteger.

Versión Digital Siempre Actualizada

Las interfaces de estas aplicaciones cambian constantemente. Escanea el código para acceder a las pantallas más recientes, tutoriales en video y enlaces directos de este anexo.

O visita desde tu navegador:

www.newmasterkids.com/firewalla

1. Lo que necesitas antes de empezar

- **Tu dispositivo Firewalla:** Para el hogar, los modelos más recomendados son Firewalla Purple, Orange o Gold (para el hogar recomendaría Firewalla Purple SE).
- **Tu teléfono celular:** Donde instalaremos la aplicación de control.

- **Acceso a tu módem/router principal:** El aparato de internet que te instaló tu proveedor.
- **15 minutos de tranquilidad:** Te sugerimos hacer esto en un momento de calma, preferiblemente cuando los niños estén ocupados en otra actividad.

2. Conexión Física e Instalación

- **Descarga la aplicación:** Ve a la tienda de aplicaciones de tu celular (App Store en iPhone o Google Play en Android) y busca "Firewalla". Descarga la aplicación oficial.
- **Conecta el equipo a la corriente:** Utiliza el cable de poder (Micro-USB o Tipo-C, dependiendo del modelo) incluido en la caja para encender tu Firewalla. Verás que una pequeña luz comienza a parpadear, indicando que el sistema está despertando.
- **Conecta el cable de red (Ethernet):** Toma el cable de red incluido. Conecta un extremo en el puerto de tu Firewalla y el otro extremo en cualquier puerto libre (generalmente numerado o de color amarillo) en la parte trasera del módem de tu proveedor de internet.

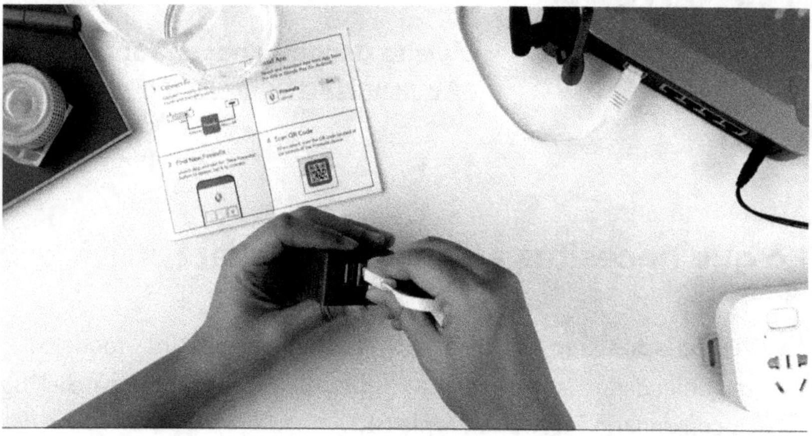

- **Sincroniza la App con tu hogar:** Abre la aplicación Firewalla en tu celular. El sistema te guiará y te pedirá escanear un código QR. Voltea tu aparato Firewalla y escanea el código impreso en la base. ¡Listo! Tu celular y tu red ahora están vinculados.
  - *Un consejo de seguridad:* Por precaución, tómale una foto a ese código QR para guardarlo en tus archivos personales, y luego retira el sticker del aparato. Esto evita que los jóvenes más curiosos de la casa intenten escanearlo para desvincular las reglas.

3. Configuración de Valores Familiares (Tu Cerca de Amor)

Una vez que la aplicación reconozca tu red, comenzará a identificar todos los aparatos conectados. Ahora es momento de levantar los muros de protección:

- **Identifica y agrupa los dispositivos de tus hijos:** En la pantalla principal de la app, ve a "Devices" (Dispositivos). Verás una lista de lo que está conectado. Selecciona los dispositivos de tus hijos (por ejemplo, "Tablet de Sofía" o "Xbox Familiar") y agrúpalos en una categoría llamada "Niños".

  Crea un nuevo usuario

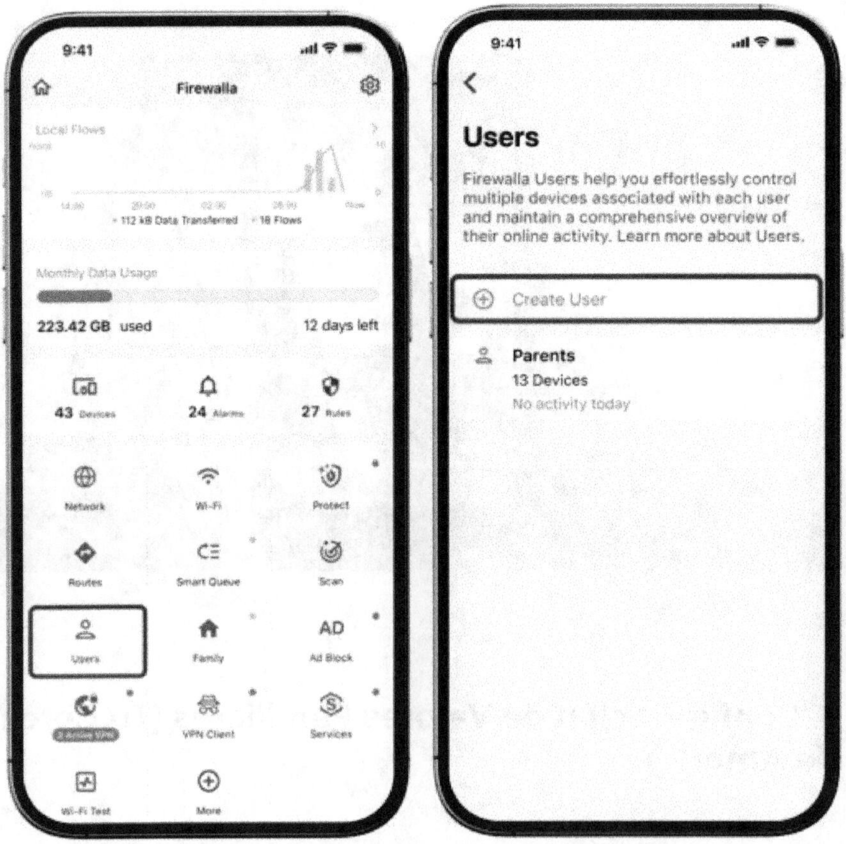

Agrega un nuevo dispositivo

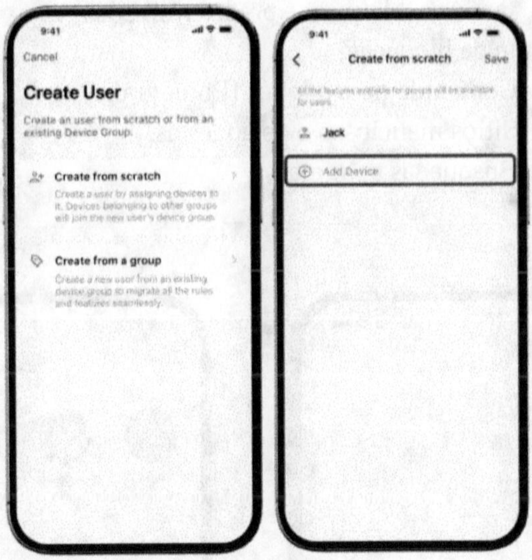

Selecciona el dispositivo de tu hijo

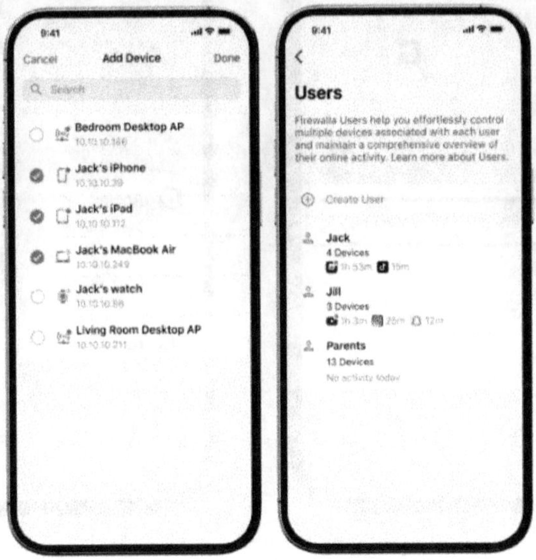

- **Activa las reglas de bloqueo estructural:** Ve a la sección "Rules" (Reglas). Aquí es donde Firewalla brilla por su sencillez. Puedes activar bloqueos predeterminados con un solo toque. Asegúrate de bloquear:
    - Contenido para adultos (Pornografía).
    - Sitios maliciosos o de apuestas.
    - Búsquedas peligrosas.

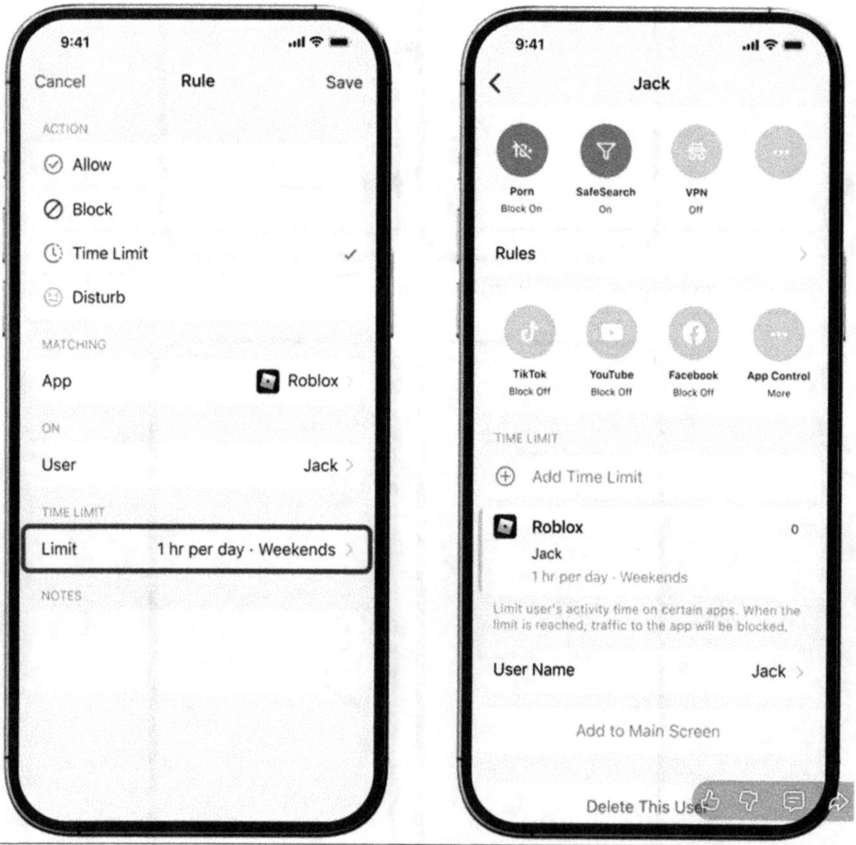

- **Habilita el "Modo Seguro" (Safe Search):** En la sección de configuración de la familia, busca y activa la opción "Safe Search". Esto forzará a que plataformas como Google, Bing y YouTube filtren automáticamente el contenido explícito en todos los aparatos de la casa, ayudando a crear un refugio de paz digital.

- **Protege el descanso cognitivo (El Altar Digital):** Ve a la función "Schedules" (Horarios) o utiliza el botón rápido de pausar el internet. Puedes programar que la conexión en los dispositivos del grupo "Niños" se apague automáticamente a las 8:30 p.m. Esto protege sus horas de sueño y asegura que la pantalla no sea la dueña de sus últimos pensamientos del día.

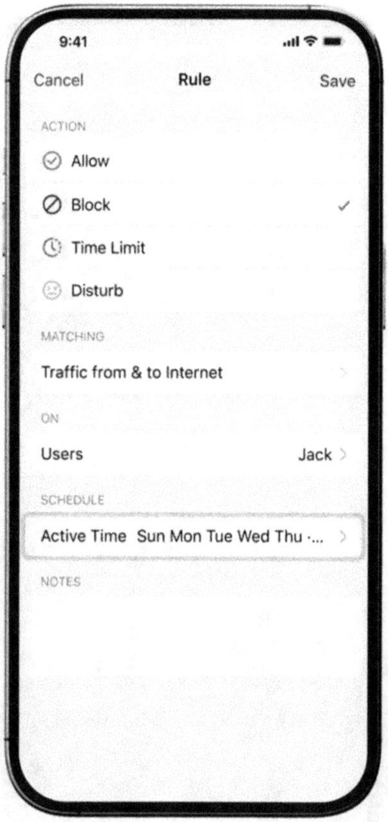

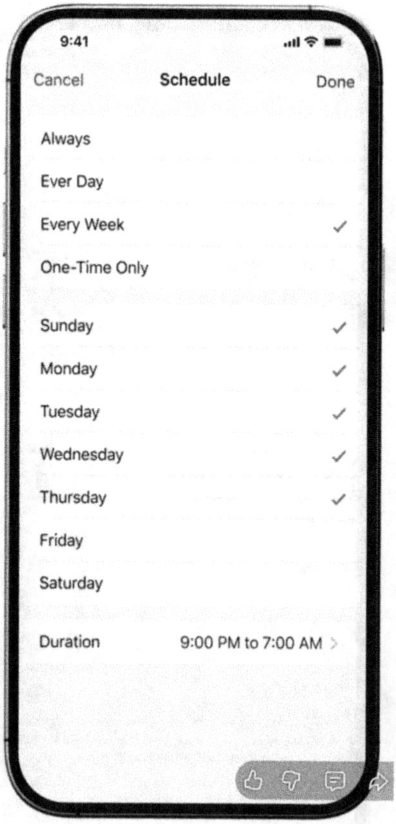

- **Protege la aplicación (Kid Lock):** Finalmente, para asegurar esta arquitectura, ve a la configuración general de la app (Settings >

Advanced) y activa "Kid Lock". Esto requerirá tu huella digital, tu rostro (Face ID) o un PIN para abrir la aplicación de Firewalla en tu celular, blindando las reglas que acabas de establecer.

Conclusión de este paso:

Has dado un paso técnico valiente. Esta barrera no reemplaza los diálogos ni las caminatas familiares, pero te otorga la tranquilidad mental necesaria para enfocarte en lo verdaderamente importante: pastorear el corazón de tus hijos sabiendo que las amenazas más evidentes de internet han quedado fuera de casa.

Anexo B: Configurando tu "Sumidero Digital" con Pi-hole y OpenDNS

Propósito de esta guía: Pi-hole actúa como un filtro invisible que atrapa la publicidad y el contenido nocivo antes de que entren a tu hogar. Al combinarlo con OpenDNS, no solo estamos bloqueando anuncios, sino que estamos utilizando una base de datos mundial de "sitios seguros" para asegurar que nuestros hijos no tropiecen con contenido que dañe su integridad emocional o espiritual.

Versión Digital Siempre Actualizada
Las interfaces de estas aplicaciones cambian constantemente. Escanea el código para acceder a las pantallas más recientes, tutoriales en video y enlaces directos de este anexo.

O visita desde tu navegador:
www.newmasterkids.com/pihole

1. Materiales Necesarios (Tu "Kit de Vigilancia")

- **Raspberry Pi:** Cualquier modelo funciona (Pi 3, 4, 5 o incluso la pequeña Zero 2 W).
- **Tarjeta Micro SD:** Mínimo 16GB.
- **Cable Ethernet:** Para conectar la Pi directamente a tu módem (recomendado para mayor estabilidad).
- **Computadora:** Solo para la configuración inicial.

2. Preparando el "Cerebro" (Instalación del Sistema)

Antes de que Pi-hole pueda filtrar, la Raspberry Pi necesita un sistema operativo.

1. Descarga e instala Raspberry Pi Imager en tu computadora desde raspberrypi.com/software.

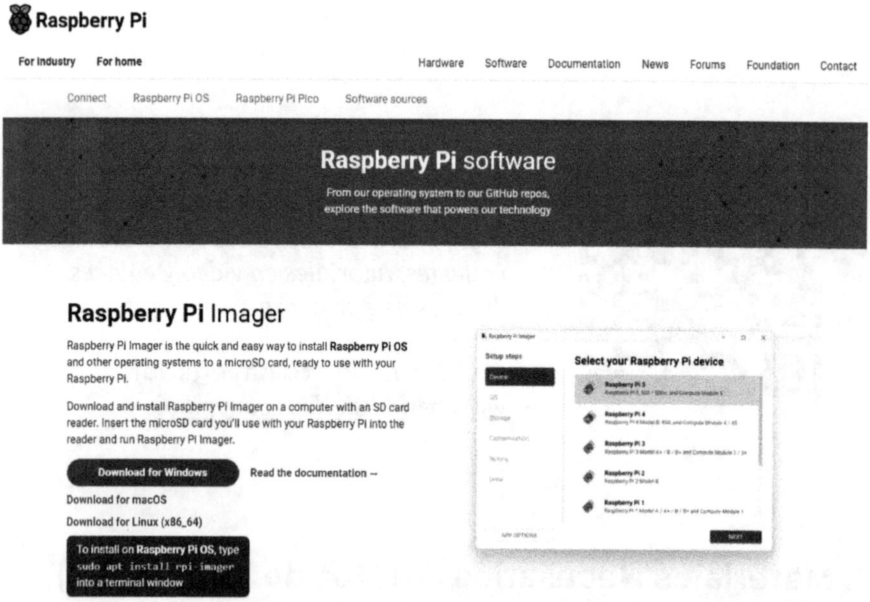

2. Inserta la tarjeta SD en tu computadora.
3. Ejecuta el programa Raspberry Pi Imager que descargaste anteriormente, elige el sistema: Raspberry Pi OS Lite (es la versión más rápida y ligera) y sigue los pasos que a continuación te muestro en las imágenes.

- Elegimos el modelo de Raspberry que compramos (en mi caso una Raspberry Pi Zero).

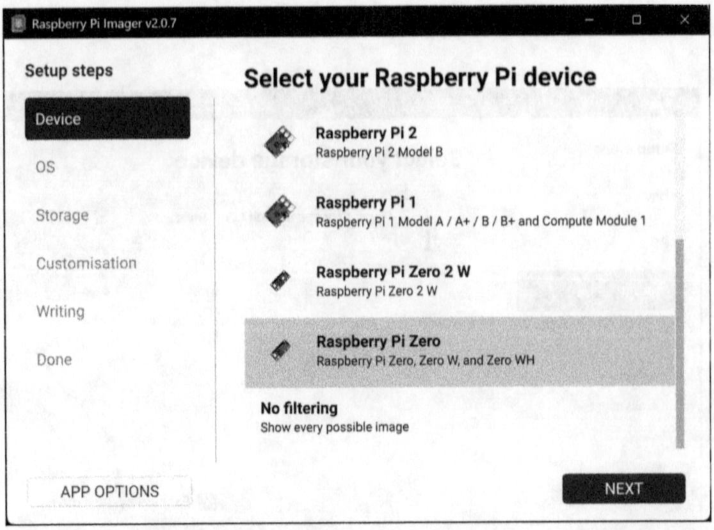

- Ahora elegimos el sistema operativo a instalar (el cual fue descargado en pasos anteriores).

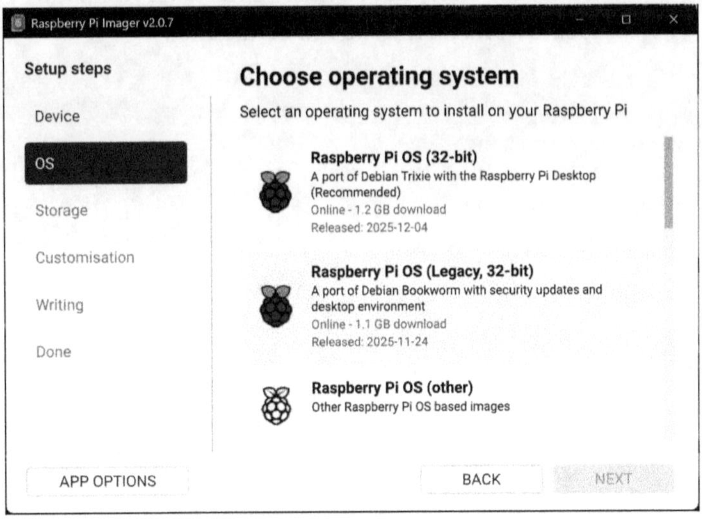

- Seleccionamos el dispositivo donde se va a grabar el instalador del sistema operativo Raspberry Pi Os (en nuestro caso sería la ubicación donde tenemos la memoria SD que vamos a usar como medio de almacenamiento de nuestra Raspberry Pi).

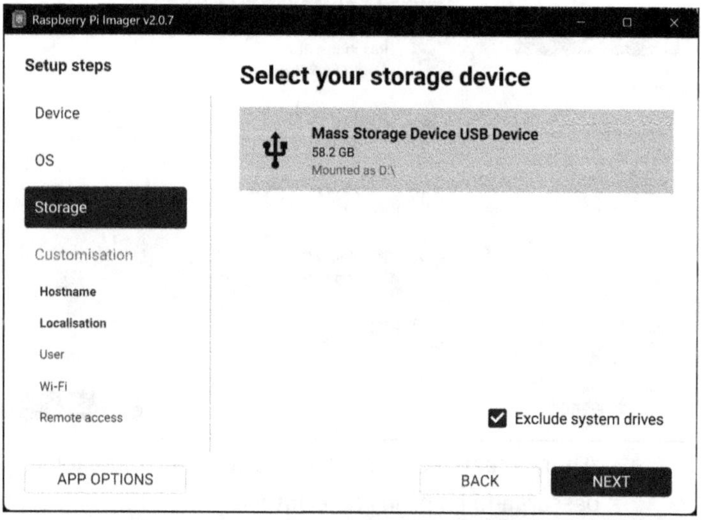

- Le damos un nombre a nuestra Raspberry Pi para identificarla en nuestra red de Internet.

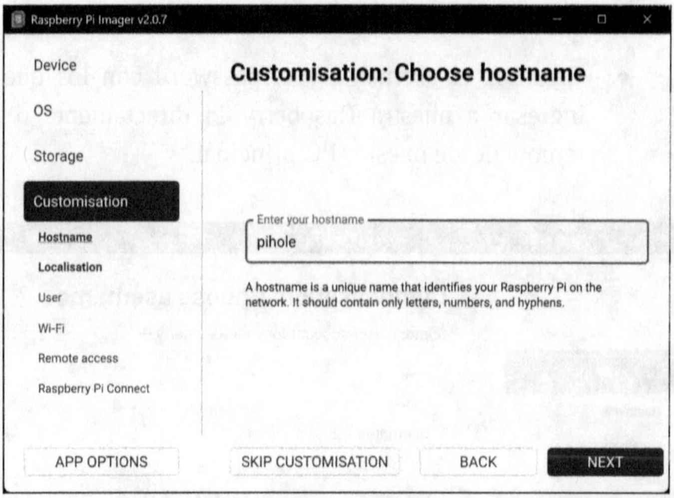

- Asignamos la localización de una ciudad del país donde vivimos, el time zone para la fecha y hora del sistema de nuestra Raspberry Pi y el tipo de teclado que vamos a conectar a futuro.

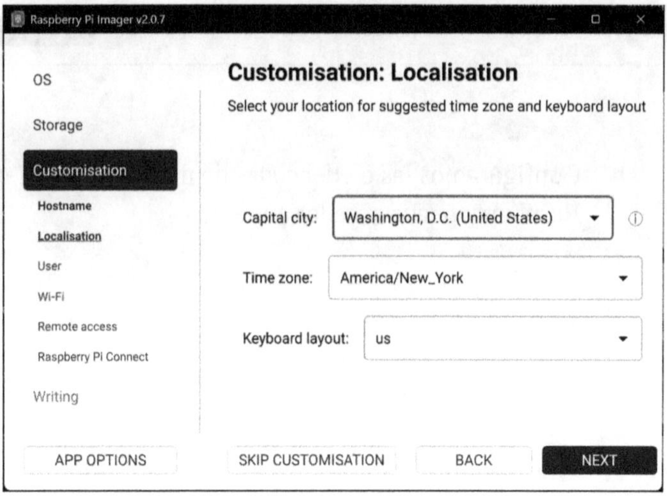

- Creamos el username y el password con los que vamos a ingresar a nuestra Raspberry Pi directamente o de forma remota desde nuestro PC principal.

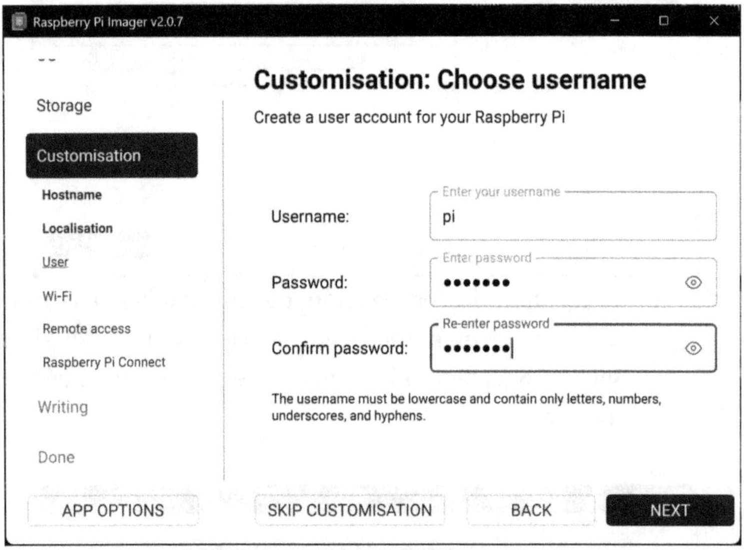

- Configuramos las credenciales de nuestra red wifi para que la Raspberry pueda acceder a Internet.

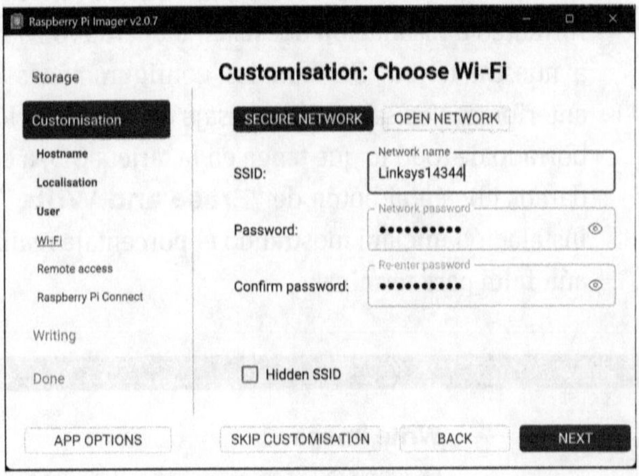

- Habilitamos el modo de acceso remoto SSH para poder ingresar a las configuraciones de la raspberry pi desde una consola (shell, terminal o línea de comandos) en nuestro PC personal y marcamos la casilla del check para que nos pida autenticación con el username y password que creamos en pasos anteriores.

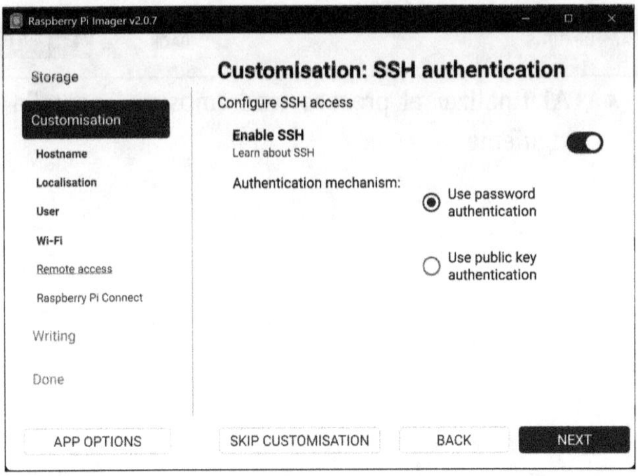

- Damos clic al botón **Write** para que se inicie el proceso de formateo e instalación del sistema operativo Raspberry Pi OS a nuestra tarjeta SD con las configuraciones de los pasos anteriores. Nos saldrá un mensaje de confirmación respecto al borrado de todo lo que tenga en la tarjeta SD, a ese mensaje le damos clic en el botón de **"Erase and Write**" y con esto la instalación iniciará mostrando el porcentaje realizado y lo que aún falta para terminar.

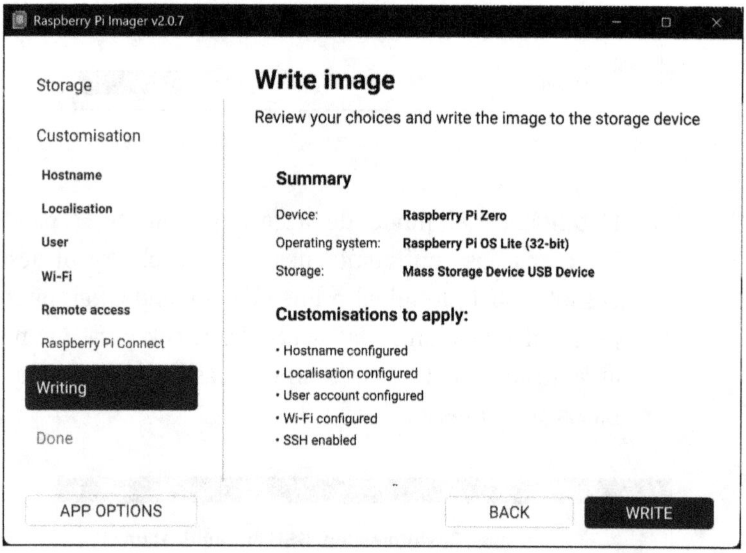

- Al finalizar el proceso tendremos una pantalla similar a la siguiente.

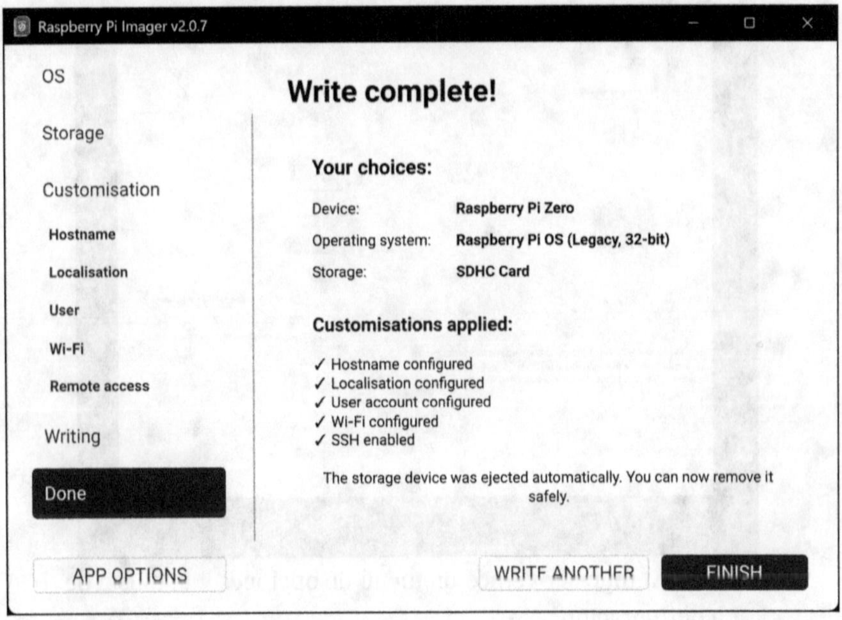

3. El Comando de Instalación (La "Cerca" se levanta)

No te asustes por ver una pantalla negra de texto; solo necesitaremos escribir un comando mágico.

1. Conecta tu Raspberry Pi al módem y enciéndela.
2. Configura una IP estática para tu Raspberry Pi en tu enrutador de la siguiente manera (mi router es un Linksys, tu puedes buscar en internet las especificaciones para ingresar a tu router y configurar mediante DHCP una ip estática para la Raspberry Pi):
   - Ingresa por el navegador web a la dirección ip de tu router (en mi caso esa dirección es http://192.168.1.1) e ingresa la contraseña que tiene tu router.

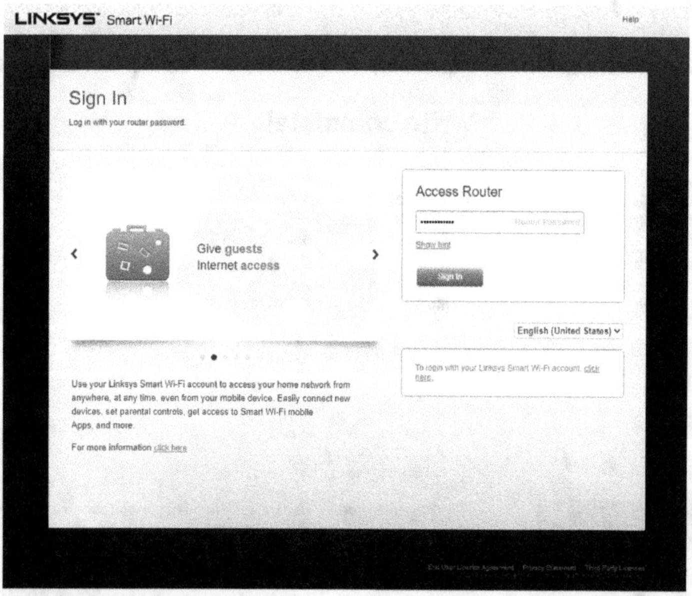

- Al ingresar vemos un menú de opciones y una lista de configuración

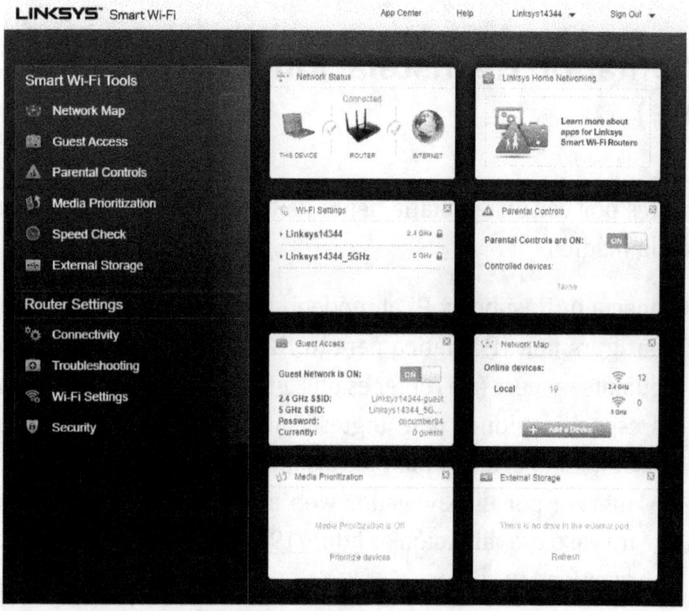

- Damos clic en la opción “**Connectivity**” y luego al botón **“DHCP Reservations”**

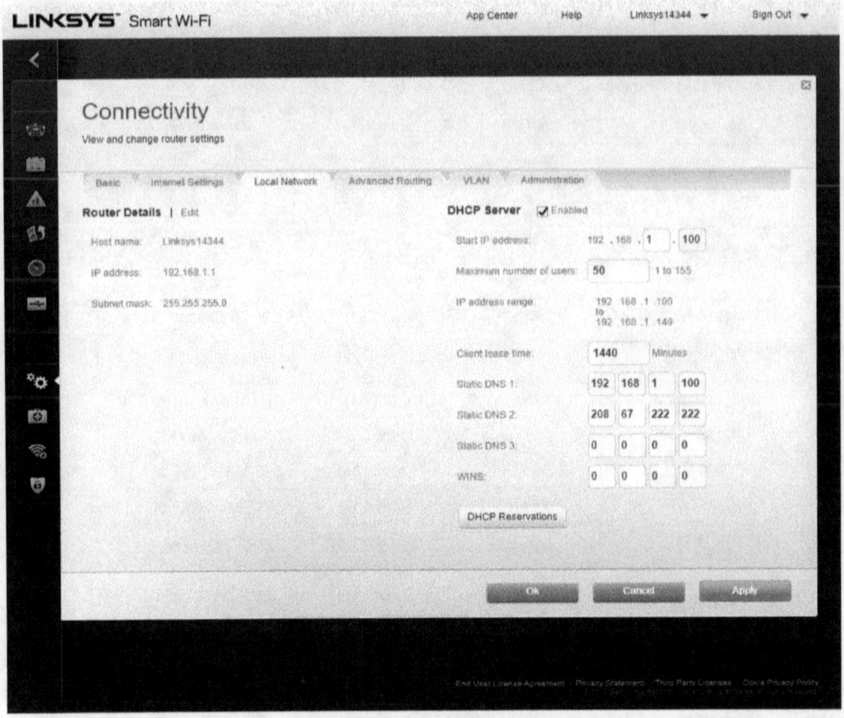

- En la tabla que aparece con la lista de todos los dispositivos conectados al router debemos elegir nuestra Raspberry Pi y dark clic en el botón **“Add DHCP Reservation”**

DHCP Reservations

Reserved Addresses

Device Name	Assign IP Address	To: MAC Address	

Manually add device reservation

Add reservations by selecting from your DHCP list:

Device Name	Interface	IP Address	MAC Address	Select
pihole	Wireless	192.168.1.131	B8:27:EB:6A:AB:06	☑
EPSONE8182E	Offline	192.168.1.103	E0:BB:9E:E8:18:2E	☐
acd9c82c-962a-4d0f-a985-75036 87dbc12	Wireless	192.168.1.129	F0:99:B6:49:26:97	☐
iPhone	Wireless	192.168.1.102	DA:A8:1C:8B:9A:39	☐
Orlando's MacBook Air	Offline	192.168.1.119	2C:F0:EE:02:0D:92	☐
db231f01d727c123deeeb1b6c0a 9b74e	Offline	192.168.1.130	14:85:7F:39:7A:2E	☐
roborock-vacuum-a72	Wireless	192.168.1.135	B0:4A:39:AA:05:7D	☐
Orlando's iPad	Offline	192.168.1.133	B2:BC:B4:E0:75:75	☐
iPhone	LAN	192.168.1.118	02:A8:FE:E8:6C:2A	☐
78E0E66C6387	Wireless	192.168.1.120	F8:FC:E1:2B:DF:DD	☐
61e086a4-16c8-4164-99b4-7414 9fca8811	Wireless	192.168.1.108	E6:02:CE:A1:BD:6C	☐
5e59bd23-4503-4a95-80cc-83bf 4768b0c9	Wireless	192.168.1.112	88:1E:5A:6D:18:C7	☐
Pastor	Offline	192.168.1.107	52:D6:98:74:3C:BB	☐
RingDoorbell-0b	Wireless	192.168.1.106	5C:47:5E:DF:4A:0B	☐
e4abe5b5-a33d-4f3d-ba31-ccb3f 4a7b832	Wireless	192.168.1.117	C8:8A:9A:DC:E8:8F	☐
Ring-649a6344FE63	Wireless	192.168.1.110	64:9A:63:44:FE:63	☐
192-168-1-105	Wireless	192.168.1.105	48:5F:2D:69:71:F5	☐
PS4-938711	Offline	192.168.1.136	E8:D8:19:FE:B4:1B	☐
iPhone	Offline	192.168.1.137	76:D6:FC:25:21:85	☐

Add DHCP Reservation

- Al hacer bien el proceso ya debe aparecer en la lista de direcciones reservadas la direccion IP estatica que siempre el router le asignará a nuestra Raspberry Pi (no importa si por algún error se apaga o reinicia la Raspberry Pi, el router siempre le dará la misma IP y eso permitirá que siga realizando su labor de filtrado de peticiones http).

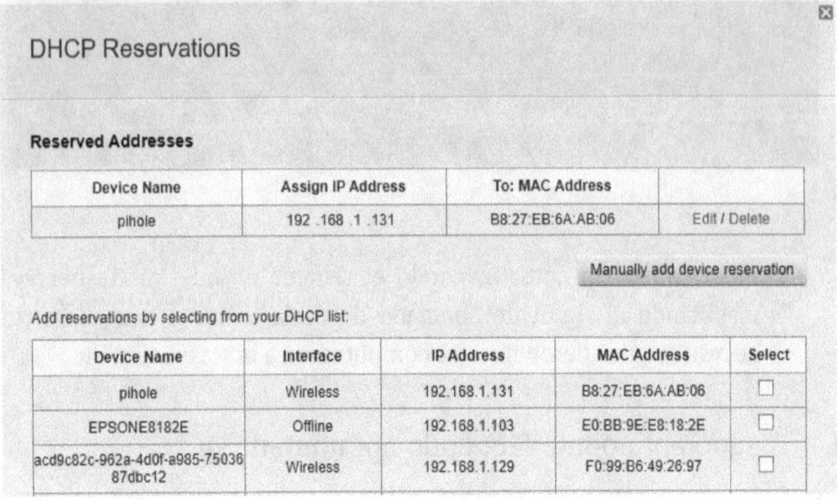

DHCP Reservations

Reserved Addresses

Device Name	Assign IP Address	To: MAC Address	
pihole	192 .168 .1 .131	B8:27:EB:6A:AB:06	Edit / Delete

Manually add device reservation

Add reservations by selecting from your DHCP list:

Device Name	Interface	IP Address	MAC Address	Select
pihole	Wireless	192.168.1.131	B8:27:EB:6A:AB:06	☐
EPSONE8182E	Offline	192.168.1.103	E0:BB:9E:E8:18:2E	☐
acd9c82c-962a-4d0f-a985-7503687dbc12	Wireless	192.168.1.129	F0:99:B6:49:26:97	☐

3. Desde tu computadora, abre la "Terminal" y conéctate a tu Pi con el comando ssh y la dirección ip que se asignó a la Raspberry Pi, el comando completo es:

ssh pi@192.168.1.100

Luego deben ingresar dar **"yes"** a la pregunta que te hace y colocar el password que se configuró en el proceso de instalación

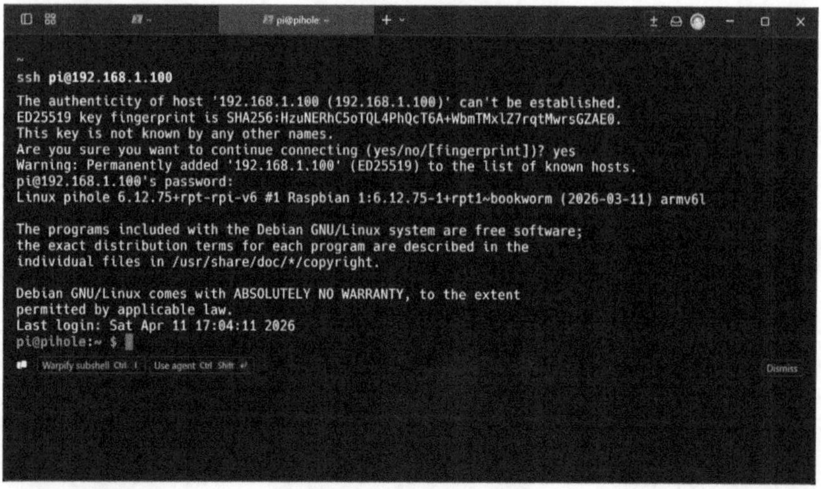

4. Ahora vamos a actualizar todo el sistema en nuestra Raspberry Pi ejecutando el siguiente comando desde la terminal que ahora tiene acceso interno desde nuestra computadora a la Raspberry Pi:

sudo apt update && sudo apt upgrade -y

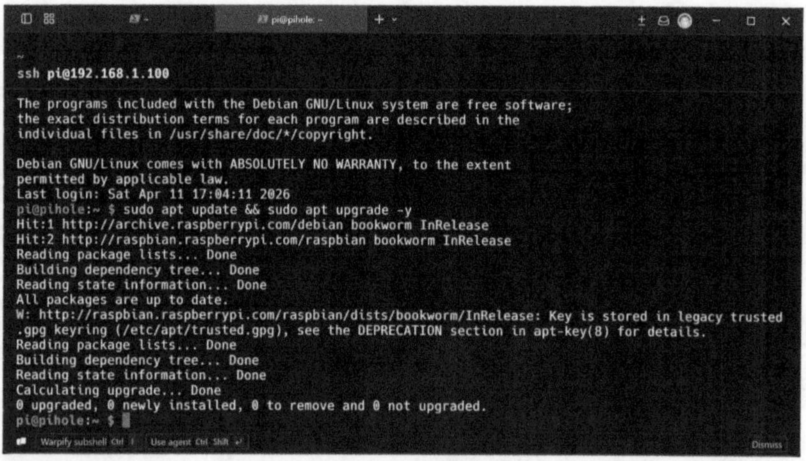

5. Para instalar Pi-hole escribe el siguiente comando y presiona Enter:

curl -sSL https://install.pi-hole.net | bash

6. Sigue las instrucciones en pantalla. Cuando te pregunte por la **IP Estática**, seleccione **"Yes"**. Esto asegura que el filtro siempre esté en la misma dirección de tu casa. El flujo de instalación sería el siguiente:

Damos clic en **OK** para iniciar la instalación

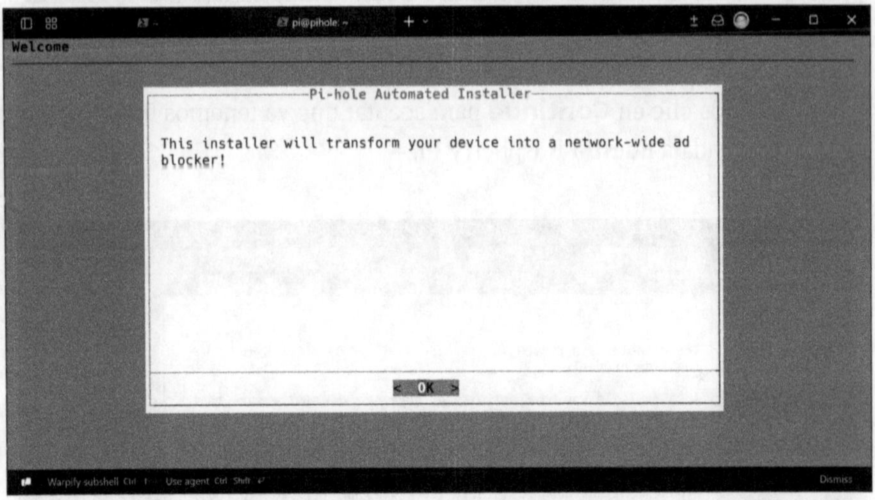

Damos clic en **OK** para continuar con la instalación (si quieres dar una donación al proyecto puedes ir a https://pi-hole.net/donate/, de esa manera se sostienen gratis proyectos de software libre como Pi-Hole).

Damos clic en **Continue** para aceptar que ya tenemos una IP estática asignada a nuestra Raspberry Pi.

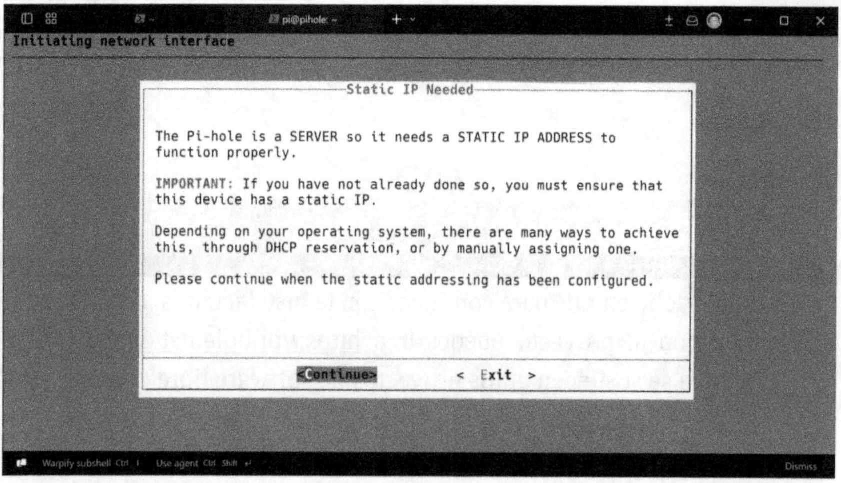

Elegimos la opción **OpenDNS** para establecer la lista de restricción de sitios web que viene configurada en esa opción y que es mantenida por una gran comunidad en el mundo.

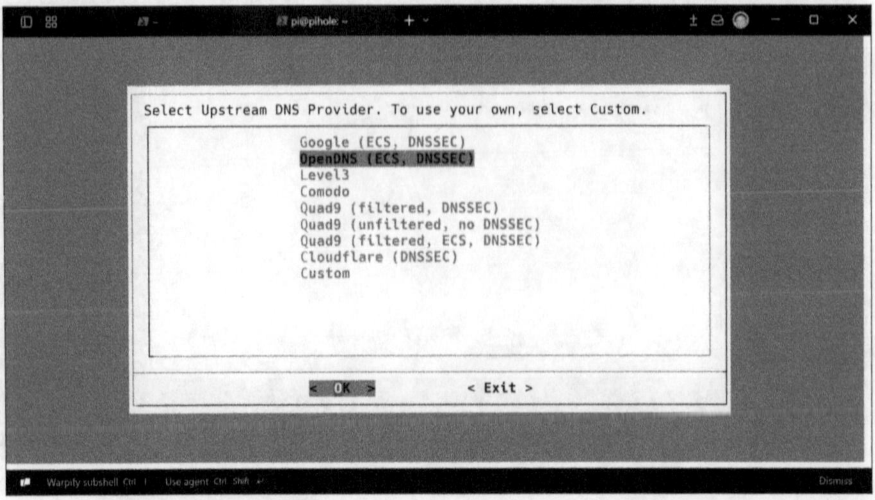

Seleccionamos **Yes** para cargar una lista de filtros de pornografía llamada StevensBlack's.

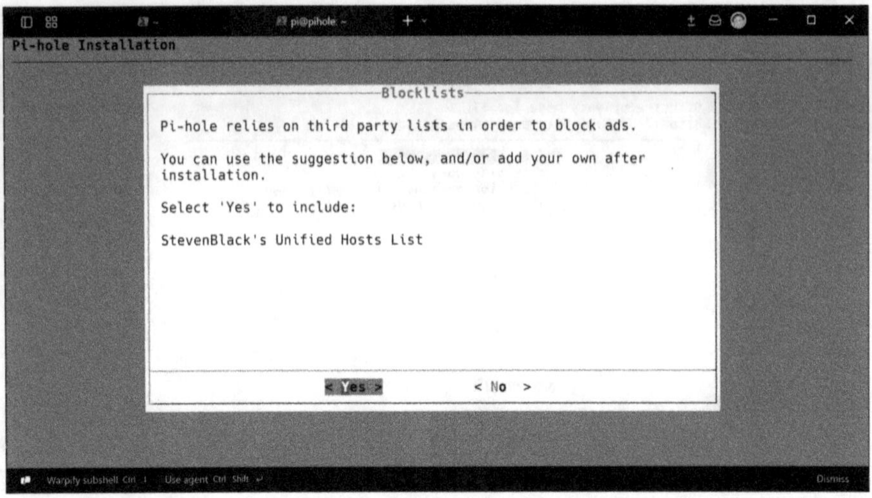

Damos clic en **Yes** para habilitar el query logging donde después podríamos ir a revisar una bitácora con todas las acciones de restricción ejecutadas en Pi-Hole.

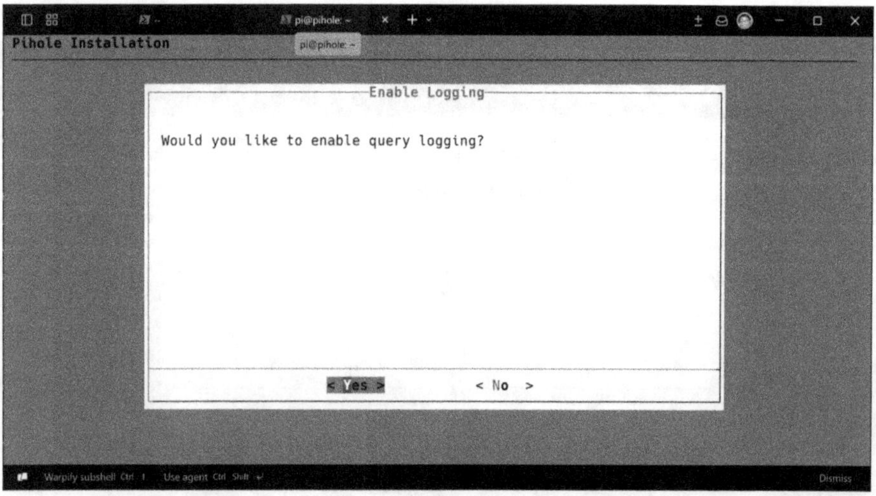

Seleccionamos la opción **Show everything** y damos clic en **Continue**, para poder visualizar en los listados de sitios web restringidos toda la información de las direcciones web de los sitios que han sido bloqueados por Pi-Hole.

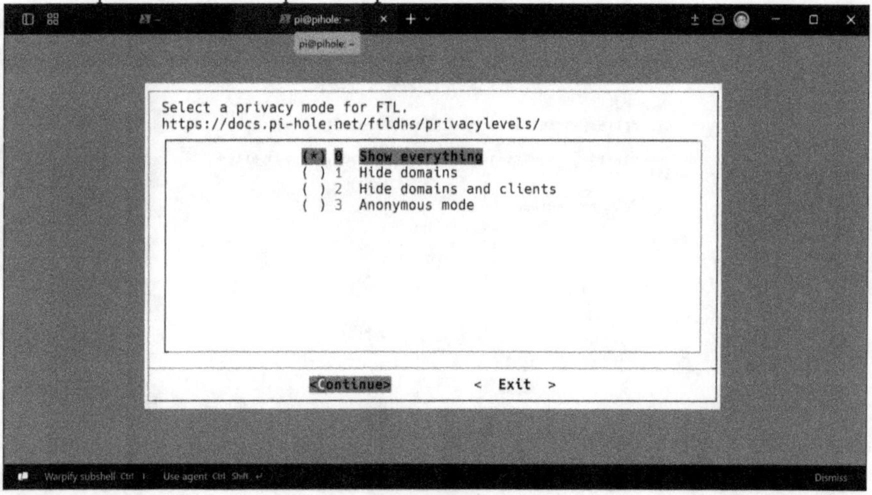

Cuando finalice la instalación damos clic en **OK** para terminar el proceso.

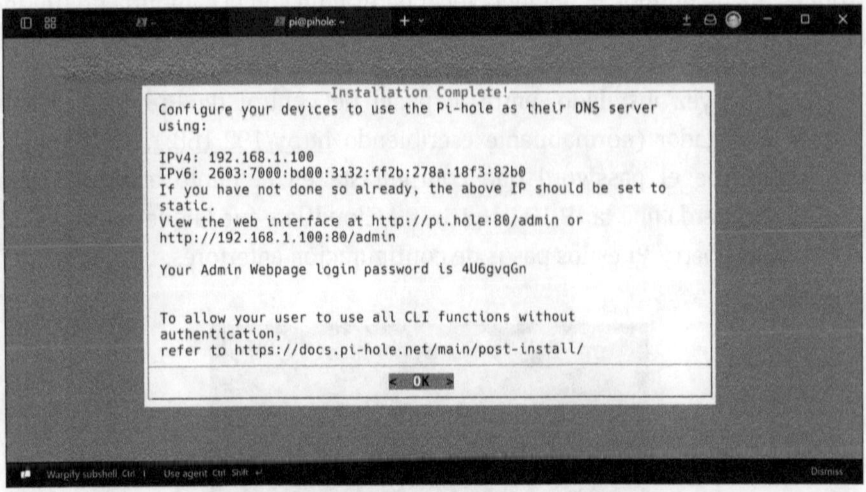

Ahora vamos a ejecutar un comando en la terminal para poner un password a la interfaz web de Pi-hole, ejecuta este comando:

sudo pihole setpassword

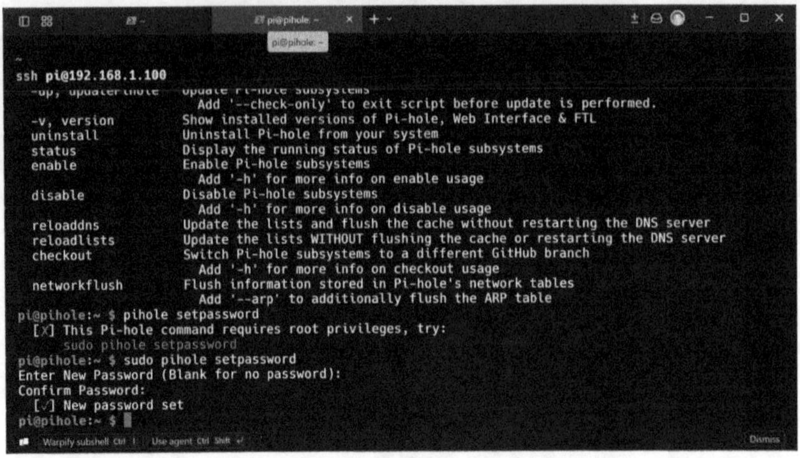

4. Integrando OpenDNS (Filtrado de Valores en la Nube)

Aquí es donde unimos la potencia local de Pi-hole con la sabiduría de filtrado de OpenDNS.

1. Una vez instalado, entra al panel de control de Pi-hole desde tu navegador (normalmente escribiendo http://192.168.1.100/admin) y escribe el password que configuraste en el punto anterior. Nota: Recuerda que la IP 192.168.1.100 Cloudflare fue la que asignaste a la Raspberry Pi es los pasos de configuración anteriores.

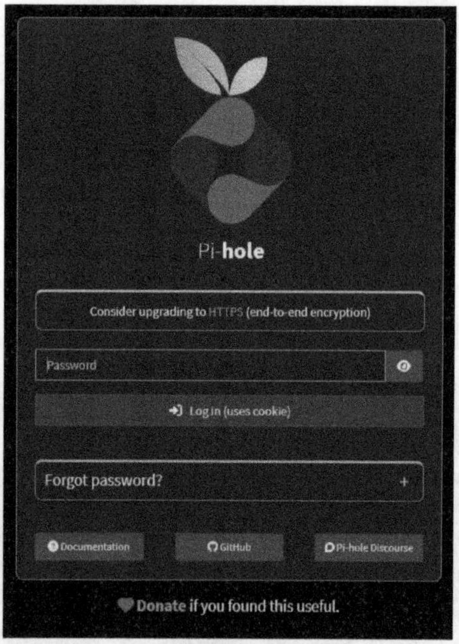

Al ingresar correctamente deberías ver una interfaz similar a esta:

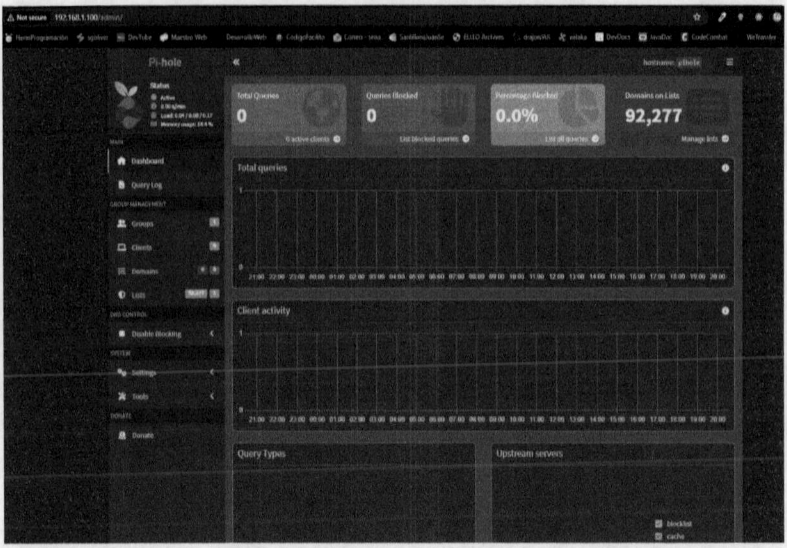

2. Ve a la sección **Settings** (Ajustes) y luego a la pestaña **DNS**.
3. En la lista de "Upstream DNS Servers", desmarca Google o Cloudflare.
4. Busca y marca las casillas de **OpenDNS (ECS)**.
    5. *¿Por qué OpenDNS?* Porque ellos ya mantienen listas de sitios de apuestas, contenido adulto y violencia que se actualizan constantemente.

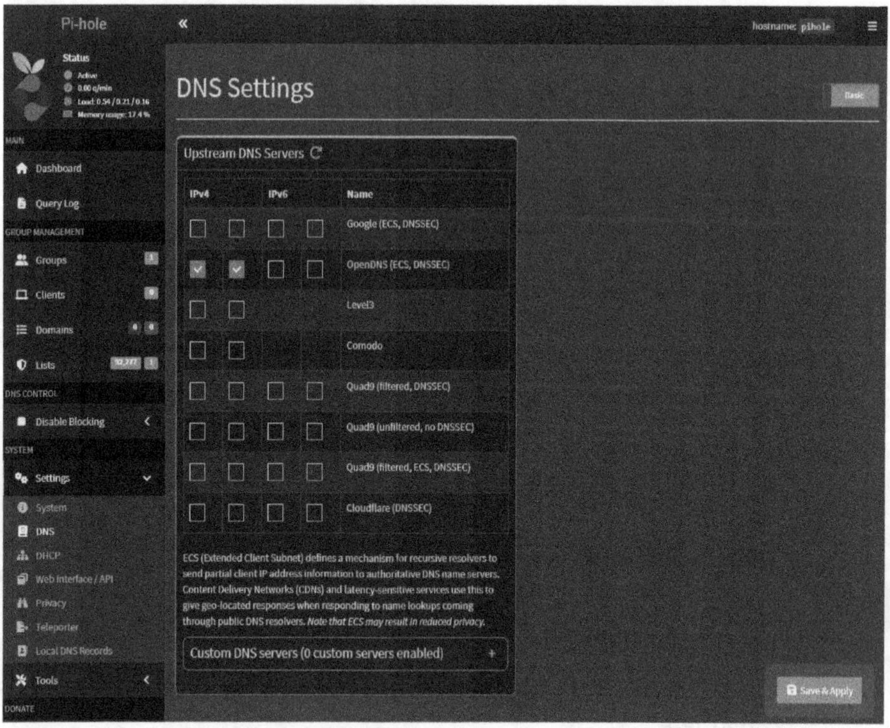

5. Configurando el "Bloqueo Interno" (Lists)

Para que Pi-hole sepa exactamente qué bloquear en el contexto de tu hogar:

1. En el menú lateral, ve a **Lists**.
2. Aquí puedes pegar enlaces a listas de bloqueo mantenidas por comunidades cristianas y de ciberseguridad. Podemos agregar listas de bloqueo adicionales como:
   - https://blocklistproject.github.io/Lists/porn.txt
   - https://blocklistproject.github.io/Lists/gambling.txt
   - https://blocklistproject.github.io/Lists/drugs.txt

Agregamos una lista de restricciones

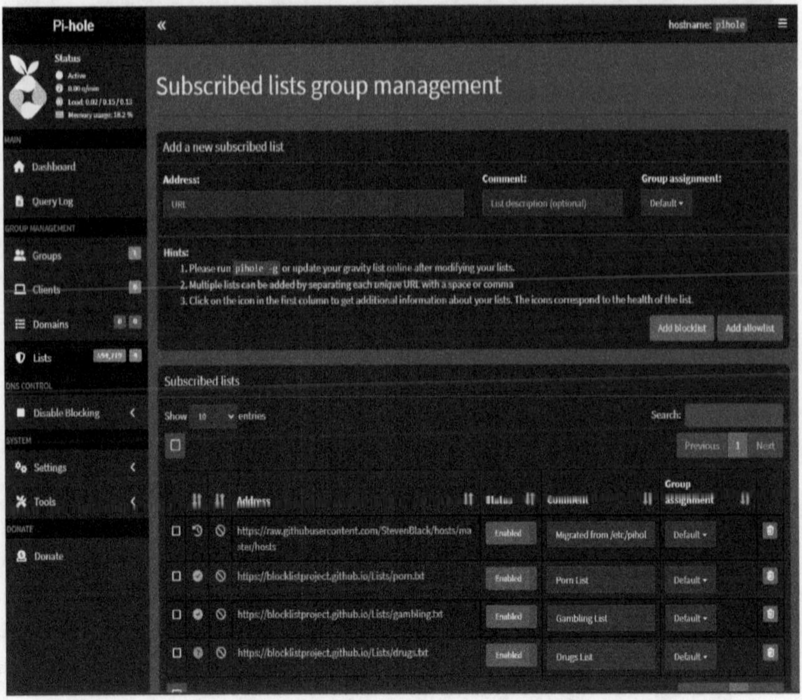

Las listas quedan agregadas en la parte inferior de la pantalla

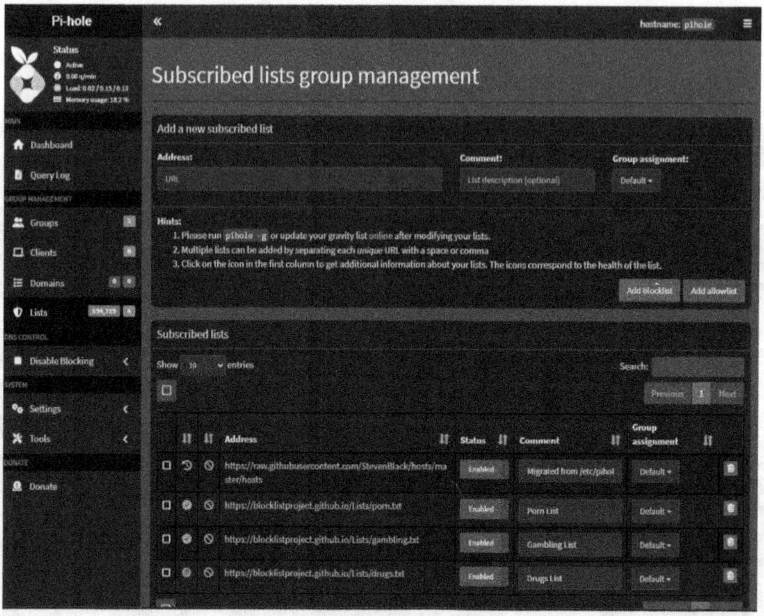

Después de agregar las listas adicionales vamos a la opción "Tools" del menú principal, buscamos la opción "Update Gravity" y en el panel de la derecha damos clic al botón Update para que Pi-hole pueda descargar las nuevas listas y agregarlas a su base de datos interna.

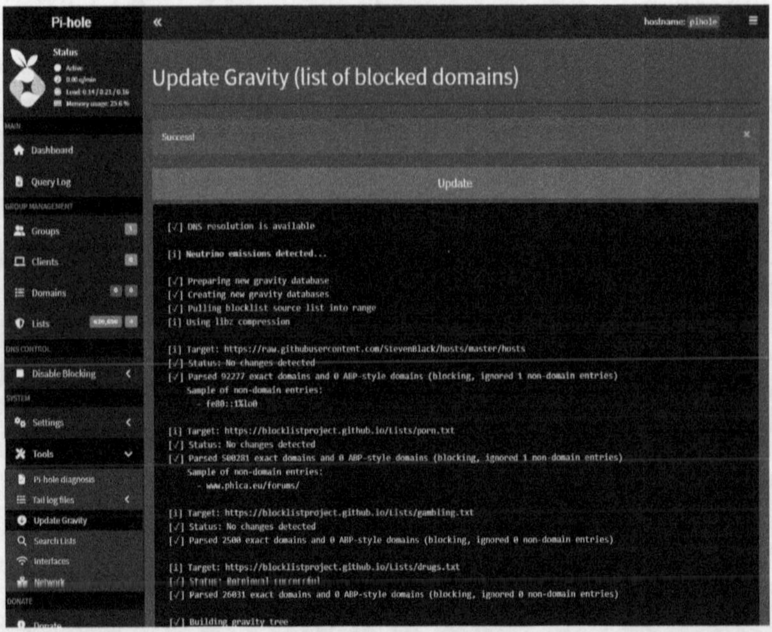

Y para mejorar aún más las restricciones podemos agregar expresiones regulares (Regexs) para filtrar otros sitios que coincidan con los patrones de búsqueda que le demos, algunas regex útiles podría ser:

- **Para Pornografia:** (^|\.)((pornhub|xvideos|xnxx|redtube|youporn|tube8|spankbang|xhamster|beeg|tnaflix))\.(com|net|org)$
- **Plataformas tipo cams / contenido explícito:** (^|\.)((chaturbate|myfreecams|stripchat|camsoda|bongacams))\.(com|net)$
- **OnlyFans y similares (muy específicos):** (^|\.)((fansly|justforfans))\.com$
- **Correlacionados con contenido adulto:** (^|\.).*\.(xxx|sex|porn)$

- **Violencia extrema (solo sitios típicos):** (^|\.)((bestgore|livegore|goregrish))\.com$

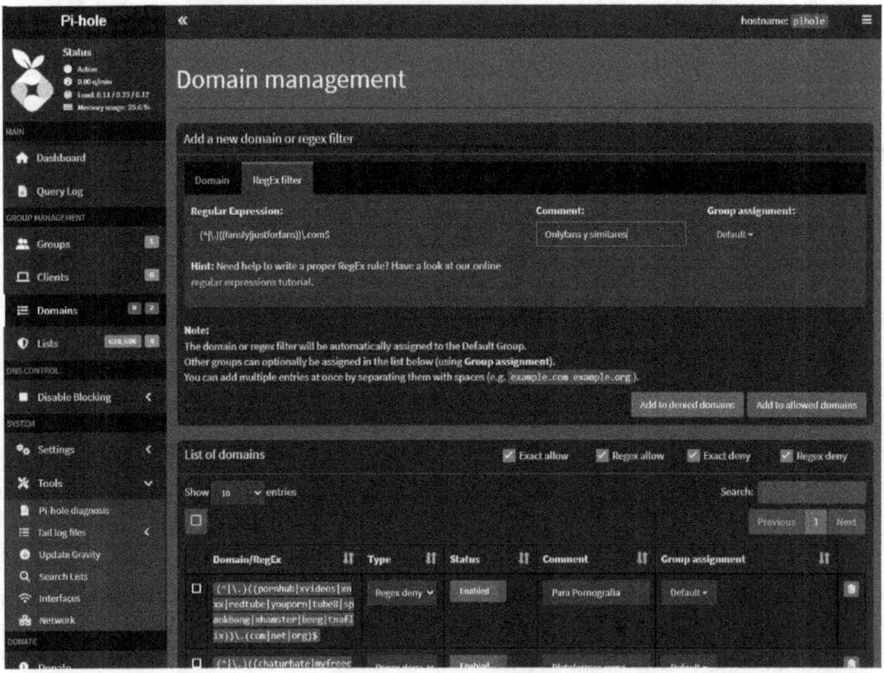

3. **Configuración de OpenDNS interna:** Si deseas que OpenDNS sea aún más estricto, asegúrate de que en la configuración de DNS de Pi-hole estén marcadas las opciones "Use DNSSEC" para asegurar que nadie engañe a tu red.
4. Haz clic en **Tools > Update Gravity** para que tu Pi-hole aprenda todas las nuevas reglas de protección.

6. El Toque Final (Configura tu Router)

Anexo B: Configurando tu "Sumidero Digital" con Pi-hole y OpenDNS

Para que toda la familia esté protegida, debes decirle a tu módem que use a la Raspberry Pi como su guía:

1. Entra a la configuración de tu router Wi-Fi.
2. Busca la sección **DNS**.
3. Escribe la dirección IP de tu Raspberry Pi como el "DNS Primario".

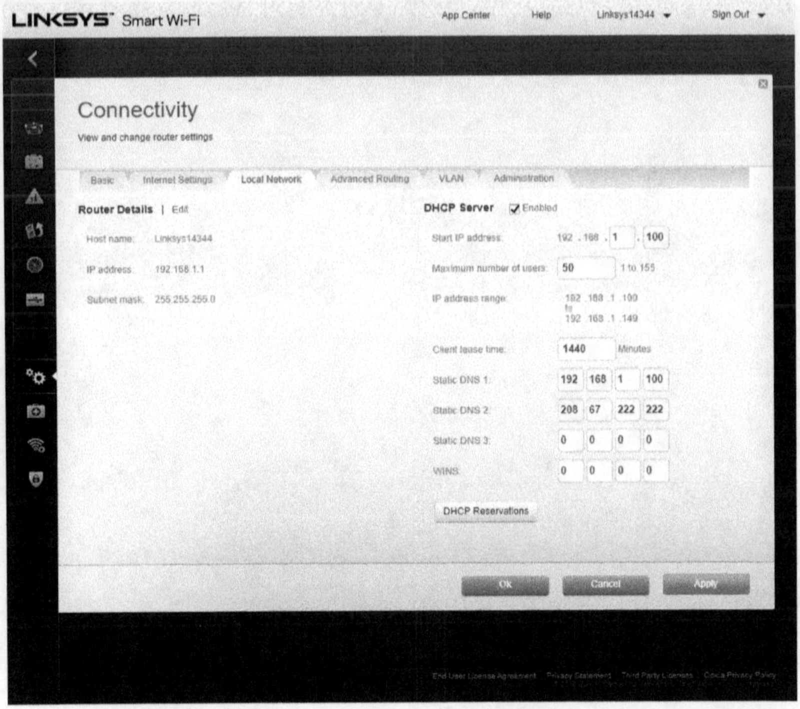

4. ¡Felicidades! A partir de este momento, cada vez que alguien intente abrir un sitio nocivo en casa, Pi-hole y OpenDNS dirán: *"Aquí no"*.

Anexo C: Llevando la Protección fuera de Casa con NextDNS para Celulares

Propósito de esta guía: En los anexos anteriores aprendimos a asegurar nuestra red Wi-Fi. Pero, ¿qué sucede cuando nuestros hijos apagan el Wi-Fi, salen de casa y usan sus datos móviles 4G/5G? Ese es el mayor "punto ciego" por donde se cuelan las distracciones nocivas. NextDNS funciona como una "sombrilla de protección" que viaja con el teléfono de tu hijo a donde quiera que vaya. Esta herramienta bloquea material para adultos, aplicaciones dañinas y rastreadores directamente desde la conexión del dispositivo, extendiendo tu "Cerca de Amor" más allá de las paredes físicas de tu hogar.

Versión Digital Siempre Actualizada
Las interfaces de estas aplicaciones cambian constantemente. Escanea el código para acceder a las pantallas más recientes, tutoriales en video y enlaces directos de este anexo.

O visita desde tu navegador:
www.newmasterkids.com/nextdns

1. Creando el "Cerebro" de tu Protección

Antes de tocar el celular de tu hijo, necesitamos crear la cuenta maestra que dictará las reglas y valores de la familia.

- **Visita el sitio oficial:** Desde tu propia computadora o celular, entra a my.nextdns.io.

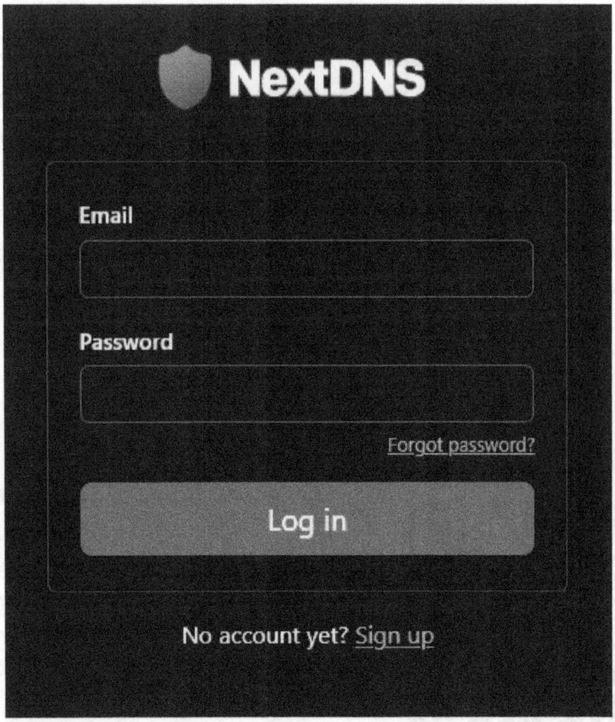

- **Crea una cuenta gratuita:** Es fundamental registrarte para que tus configuraciones familiares se guarden de forma permanente. Usa tu email y password para crear la cuenta.

- **Ubica tu ID de Configuración:** Una vez dentro de tu panel de control, verás una pestaña llamada **"Setup"** (Configuración) o "Instalación". Allí encontrarás un código corto y alfanumérico que es tu **ID** (por ejemplo: a1b2c3). Anótalo o cópialo, lo necesitaremos pronto.

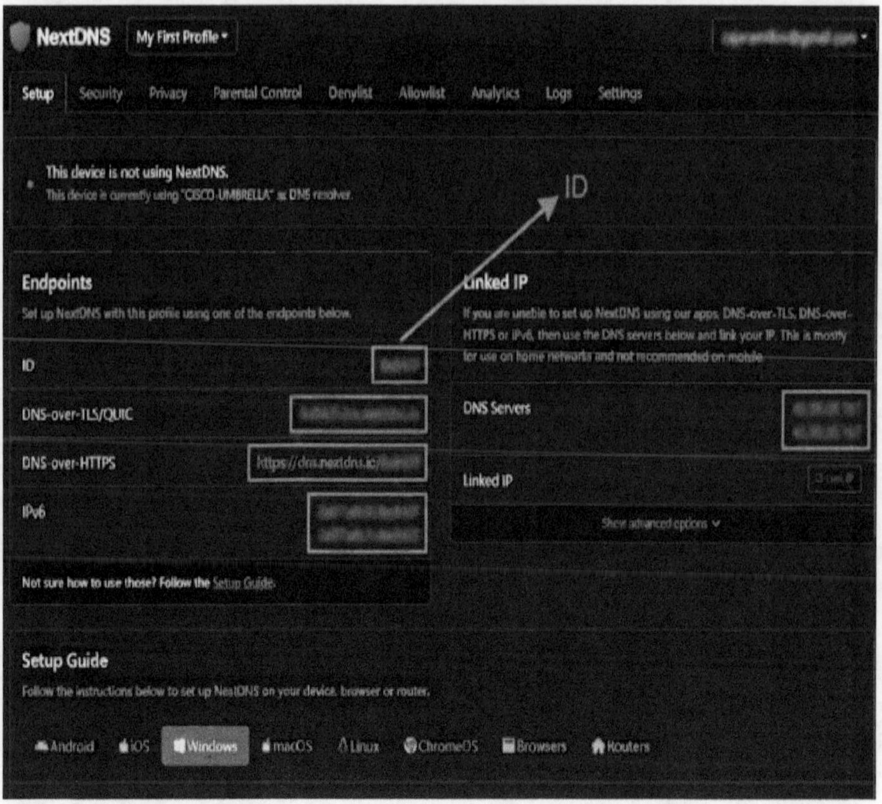

2. Configurando tus Valores (La Cerca de Amor en la Nube)

En tu panel de NextDNS, verás varias pestañas en la parte superior. Aquí es donde establecemos los límites con discernimiento:

1. **Pestaña de Seguridad (Security):** Asegúrate de que las protecciones contra malware, enlaces engañosos (*phishing*) y

dominios maliciosos estén activadas para salvaguardar la integridad de tus datos.

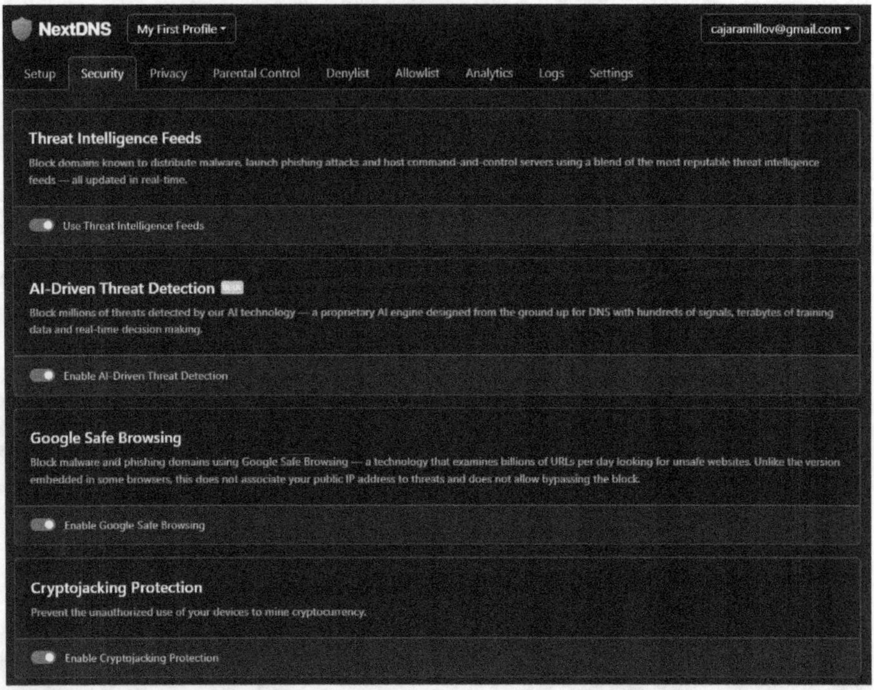

2. **Pestaña de Control Parental (Parental Control):** ¡Este es el corazón de la herramienta! Aquí puedes:
    a. **Bloquear aplicaciones específicas:** Con un solo clic puedes restringir por completo el acceso a plataformas que roban su atención, como TikTok, Snapchat, Discord o Roblox. También puedes ingresar en el tab de "Privacy" y en la zona de "Blocklist" agregar otras listas de restricciones para websites que consideres importante.

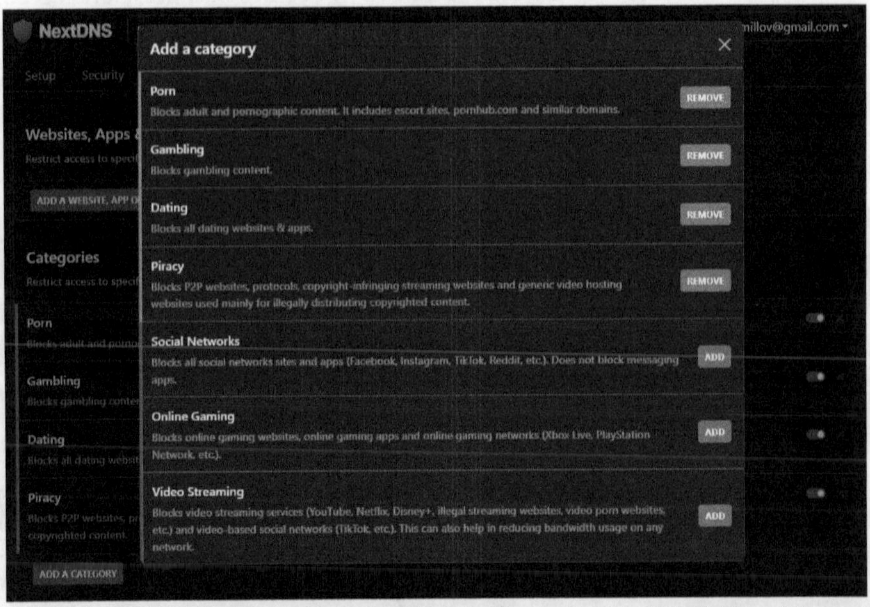

b. **Forzar Búsqueda Segura:** Activa "SafeSearch" para ocultar resultados explícitos en motores de búsqueda y el "Modo Restringido" en YouTube.

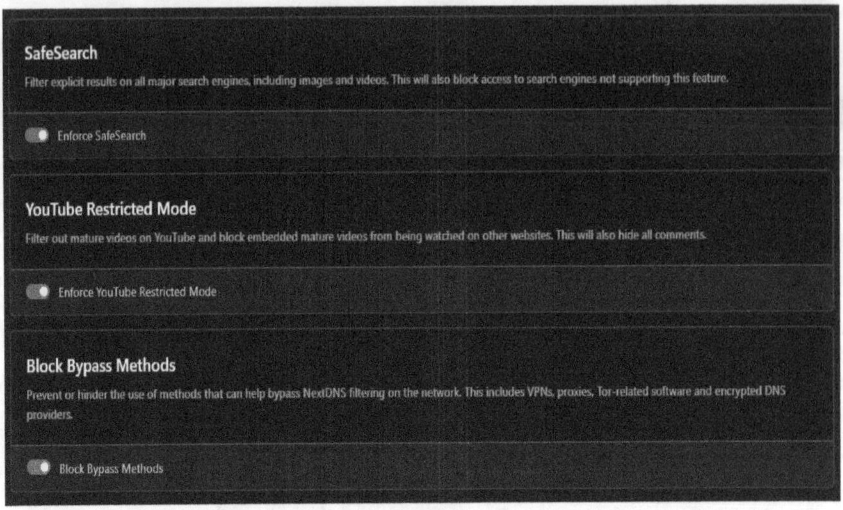

c. **Horarios de Recreación:** Si decides permitir ciertas redes sociales, puedes crear un horario (por ejemplo, para que solo funcionen los fines de semana), promoviendo así el descanso cognitivo del que hablamos en el libro.

3. Instalación en Android (El método más puro, sin aplicaciones extra)

Android tiene una ventaja maravillosa: no necesitas instalar ninguna aplicación adicional que consuma batería. El teléfono tiene la capacidad de conectarse a tu filtro de forma nativa.

- Toma el celular Android de tu hijo y ve a "Ajustes" o "Configuración" (Settings).

- Ve a "Conexiones" o "Redes e Internet" (el nombre varía ligeramente según la marca).
- Busca la opción "Más ajustes de conexión", "Avanzado" o utiliza la lupa de búsqueda para encontrar "DNS Privado" (Private DNS).
- Selecciona la opción "Nombre de host del proveedor de DNS privado".
- Escribe tu dirección personalizada de NextDNS, que siempre tiene este formato: [TU-ID].dns.nextdns.io (Simplemente reemplaza "[TU-ID]" con el código corto que anotaste en el Paso 1).
- Presiona Guardar. ¡Listo! El escudo está activo y el celular ahora navega bajo las reglas de tu hogar.

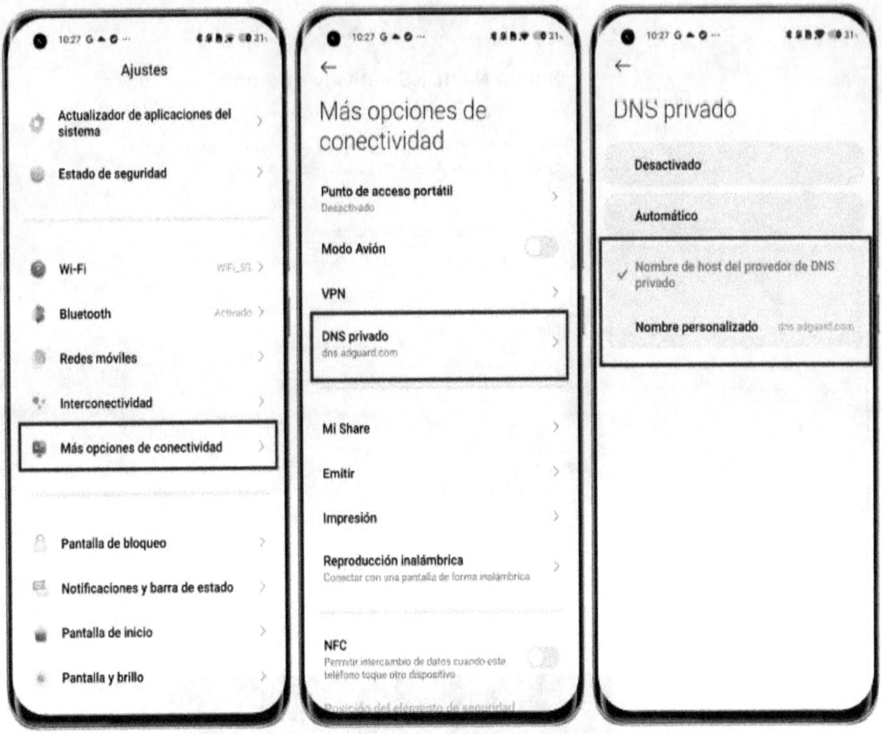

4. Instalación en iPhone / iPad (iOS)

Para los dispositivos de Apple, la forma más sólida (y difícil de evadir por los adolescentes) es instalando un "Perfil de Configuración".

- Desde el navegador Safari del iPhone o iPad de tu hijo, ingresa a esta dirección oficial: apple.nextdns.io.

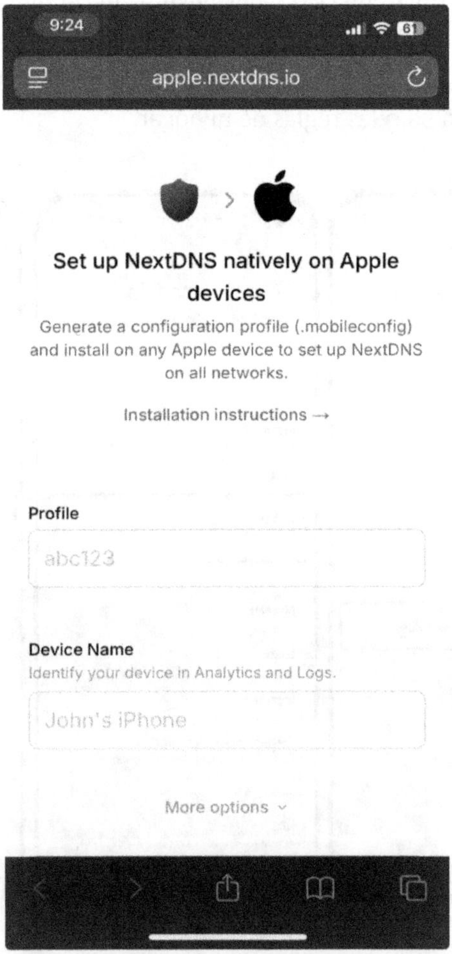

- En la página que se abre, ingresa tu **ID de Configuración** donde te lo solicite y ponle un nombre al dispositivo (ej. "iPhone de Mateo") para poder identificarlo.

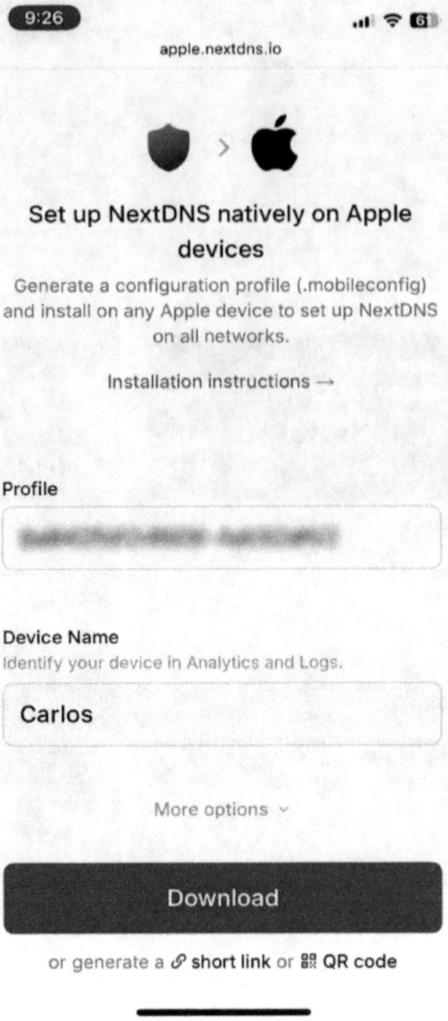

Toca el botón de **"Download"** (Descargar). Verás un mensaje preguntando si permites descargar un perfil. Toca "Permitir".

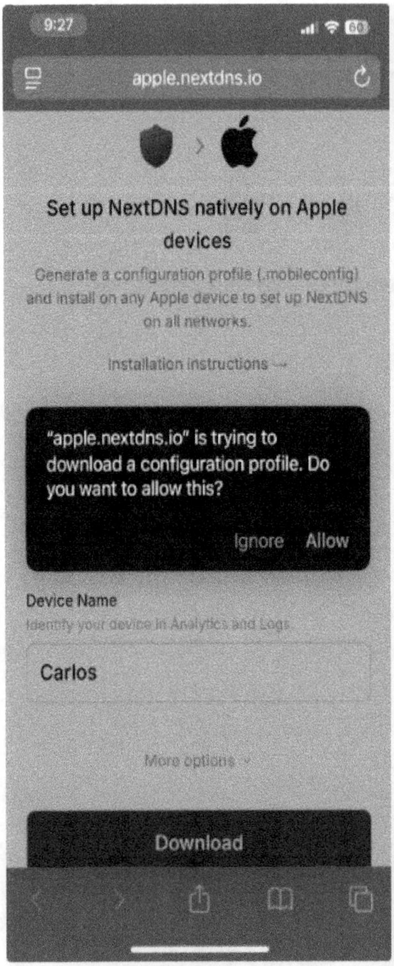

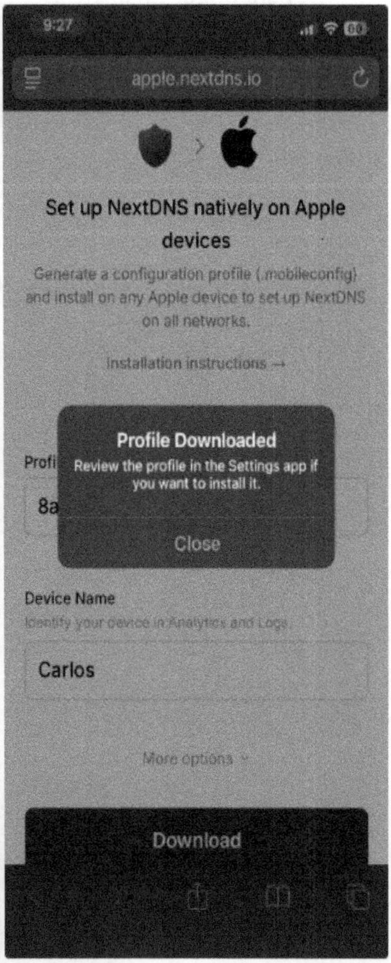

- Ahora, sal de Safari y abre la aplicación **"Configuración"** (Settings) del iPhone.
- Justo debajo de tu nombre (en la parte superior), verás una nueva opción que dice **"Perfil descargado"** (Profile Downloaded). Tócala.

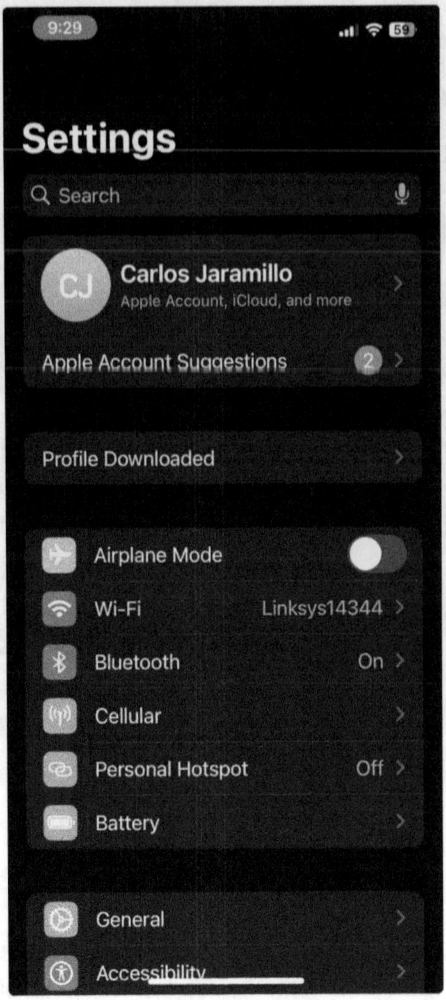

- Toca **"Instalar"** en la esquina superior derecha y sigue los pasos en pantalla (te pedirá el PIN de desbloqueo del celular de tu hijo).

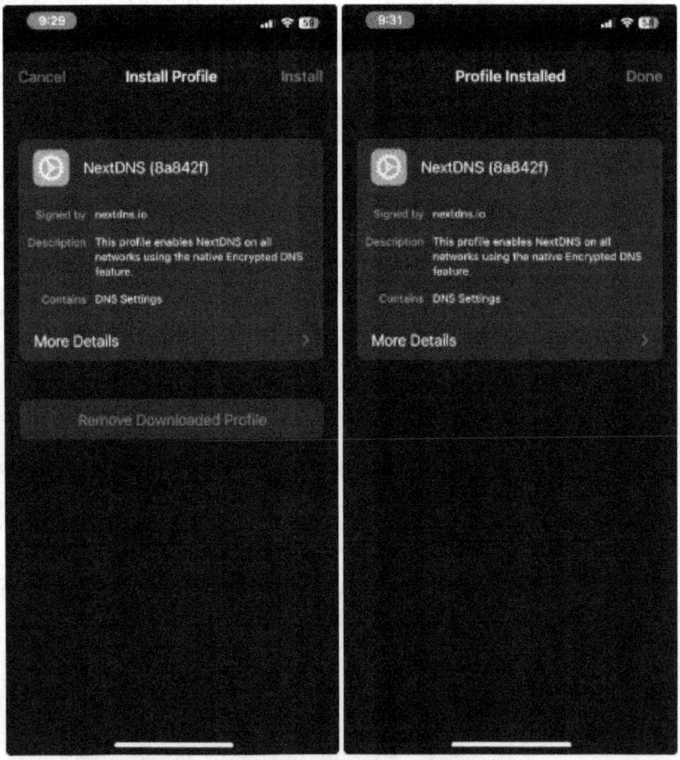

(Nota: También existe la opción de descargar la aplicación oficial de NextDNS desde la App Store e ingresar el ID allí, pero instalar el Perfil desde Safari es más robusto para propósitos de control parental).

Conclusión de este paso:

Has logrado extender la protección más allá de las paredes físicas de tu hogar. Sin embargo, recuerda la regla de oro estipulada en el Capítulo 6: acércate a tus hijos y explícales que has instalado este filtro. Diles con amor: *"Hijo, esta herramienta viaja contigo para bloquear cosas que te hacen daño en internet. Es mi forma de cuidarte cuando no estoy a tu lado"*. La transparencia construye una alianza; el secreto solo construye muros que nos separan de sus corazones.

Anexo D: La Gestión del Tiempo y los Permisos con Google Family Link

Propósito de esta guía: Si tu hijo utiliza un teléfono Android o una computadora Chromebook, Google Family Link es la herramienta nativa por excelencia para comenzar a construir su "Cerca de Amor" digital. A diferencia de un candado rígido, esta aplicación funciona como un acuerdo de convivencia tecnológica: te permite guiar sus pasos, establecer rutinas de descanso cognitivo y aprobar qué nuevas herramientas o juegos entran a su mundo. Implementar esta capa de seguridad no es un acto de vigilancia invasiva, sino un esfuerzo colaborativo, un acto de amor y acompañamiento parental dentro de la arquitectura de seguridad de tu hogar.

Versión Digital Siempre Actualizada
Las interfaces de estas aplicaciones cambian constantemente. Escanea el código para acceder a las pantallas más recientes, tutoriales en video y enlaces directos de este anexo.

O visita desde tu navegador:
www.newmasterkids.com/familylink

1. Lo que necesitas tener a mano

- **Tu propio teléfono celular:** (Puede ser Android o iPhone) donde serás el administrador y recibirás las notificaciones.
- Debes tener ambos teléfonos a la mano: el tuyo (adulto/tutor) y el que usará el niño o niña.

- Descarga e instala la aplicación **Google Family Link** en ambos dispositivos.
- **El dispositivo Chromebook de tu hijo:** Chromebook reseteado de fábrica o listo para agregar una cuenta nueva.
- **Cuentas de Google (Gmail):** Tu cuenta de correo y la cuenta de tu hijo. Si tu hijo es menor de 13 años, la aplicación te guiará para crearle una cuenta infantil especial, diseñada biológicamente para su etapa de desarrollo.
- **Un momento de diálogo:** Antes de iniciar, recuérdale a tu hijo que estas configuraciones son el equivalente a usar el cinturón de seguridad en el auto.

2. Iniciar desde el móvil del adulto

1. Abre la aplicación Family Link en tu teléfono.
2. La aplicación te preguntará si tu hijo/a ya tiene una cuenta de Google. Selecciona la opción "Sí".
3. La aplicación te indicará que ahora debes continuar la configuración en el móvil del menor.

3. Configurar desde el móvil del niño/a

1. Toma el teléfono del niño/a y dirígete a los **Ajustes** (o Configuración) del sistema .
2. Busca el apartado de **Google** y, dentro de él, toca en **Controles parentales.**

3. Aparecerá una pantalla explicativa de Family Link; presiona **Empezar**.
4. Cuando el sistema pregunte quién va a usar el dispositivo, elige **Niño o adolescente**.

5. Selecciona la cuenta de Google del niño/a (la que ya está en el dispositivo) para proceder a vincularla.
6. A continuación, el sistema te pedirá que introduzcas el **correo electrónico y la contraseña de tu cuenta** (la del adulto que va supervisar).

4. Consentimiento y vinculación

1. Aparecerá una pantalla informativa que detalla exactamente qué puedes hacer (y qué no puedes hacer) mediante la aplicación para que todo quede claro.
2. Desplázate hasta el final de esa página. Allí, tu hijo/a deberá introducir su **propia contraseña** de su cuenta de Gmail. Esto funciona como un acuerdo consensuado para activar la supervisión.
3. Para terminar el proceso en el teléfono del menor, toca el botón **Permitir** en el menú desplegable.

5. Finalizar en el móvil del adulto

1. Vuelve a tomar tu teléfono, que se había quedado en las instrucciones iniciales, y toca el botón **Hecho** situado en la parte inferior derecha.
2. ¡Listo! Ya te aparecerá el dispositivo de tu hijo/a vinculado en tu pantalla.
3. Desde este panel principal ya podrás empezar a configurar el **límite de uso diario**, los horarios del **tiempo de descanso** (para que el móvil se bloquee en las noches) y los límites y **filtros de contenido** en aplicaciones como Google Play, Chrome y YouTube.

Para límites diarios de uso del celular

Para restringir aplicaciones de uso común

6. Construyendo las Rutinas Familiares (Configurando Límites)

Ahora vuelve a tu teléfono. Desde tu aplicación Family Link, selecciona el perfil de tu hijo para establecer las reglas del hogar que promuevan la conexión real:

- **Fomentando el descanso cognitivo (Hora de dormir):** Ve a la sección de **Límites diarios > Hora de dormir**. Configura que el dispositivo se bloquee a una hora prudente (por ejemplo, a las 8:30

p.m.). Esto asegura que la pantalla no interfiera con sus ciclos de sueño ni con su desarrollo neuronal nocturno.

- **Tiempo de uso diario:** En la misma sección, puedes asignarle un máximo de horas permitidas al día (ej. 1 hora y media los fines de semana). Cuando el tiempo se agote, el dispositivo se bloqueará, permitiendo solo llamadas de emergencia.
- **Aprobación de descargas (Protección de la puerta):** Ve a **Controles de contenido > Google Play**. Selecciona que se requiera tu aprobación para "Todo el contenido". Así, cada vez que tu hijo quiera instalar un juego nuevo o una red social, recibirás una notificación en tu teléfono preguntando: *¿Apruebas o rechazas?*
- **Filtros de contenido:** En **Controles de contenido**, asegúrate de aplicar restricciones a YouTube (activando el "Modo Restringido") y a Google Chrome para bloquear automáticamente sitios explícitos.

7. En una Chromebook

- Enciende la computadora. En la pantalla principal de inicio de sesión, haz clic en **Agregar persona.**
- Ingresa el correo electrónico supervisado de tu hijo.
- Nuevamente, la Chromebook te pedirá tu confirmación como padre. Al terminar, el entorno de trabajo y estudio del niño estará automáticamente protegido bajo tus directrices.

Conclusión de este paso:

Has establecido una estructura sólida. Family Link te quita el peso de tener que ser el "policía del tiempo" para convertirte en el guía y educador. Cuando el tiempo digital se agota, es el sistema automatizado el que apaga la pantalla, dándote la oportunidad perfecta para acercarte, ofrecer contacto visual y decir: *"Tu tiempo de pantalla terminó por hoy. ¿Qué te parece si armamos un proyecto juntos, o preparamos la cena?"*.

Anexo E: Gestión de Dispositivos con Apple Screen Time (iOS y macOS)

Propósito de esta guía: Si tu hogar utiliza el ecosistema de Apple, Tiempo en Pantalla (*Screen Time*) es tu herramienta principal para establecer un orden saludable en el uso de la tecnología. No lo veamos como una simple restricción, sino como una manera de proteger el descanso y la atención de nuestros hijos, permitiéndoles disfrutar de lo bueno sin quedar atrapados en lo adictivo. Esta guía te ayudará a configurar esta "Cerca de Amor" tanto en teléfonos y tabletas como en computadoras Mac, asegurando que los valores de tu hogar se mantengan en cada dispositivo de la manzana.

Versión Digital Siempre Actualizada
Las interfaces de estas aplicaciones cambian constantemente. Escanea el código para acceder a las pantallas más recientes, tutoriales en video y enlaces directos de este anexo.

O visita desde tu navegador:
www.newmasterkids.com/screentime

1. Configuración en iPhone y iPad (iOS/iPadOS)

Es fundamental configurar todo desde otro dispositivo Apple (iPhone o iPad). Si eres un padre con un teléfono Android, la gestión remota no será efectiva (no recibirás notificaciones de peticiones de tiempo o descargas cuando no estés en casa conectado a la red Wi-Fi), por lo que se recomienda usar un dispositivo iOS para la configuración y supervisión.

1.1 Configurar "Compartir en familia" (Family Sharing)

Dependiendo de la edad de tu hijo/a, el proceso varía ligeramente:

1.1.1 Opción A: Para menores de 13 años

1. Toma tu iPhone (el dispositivo del padre/madre) y abre la aplicación de **Configuración** (Settings).
2. Toca tu nombre/Apple ID en la parte superior y luego selecciona **Compartir en familia** (Family Sharing).

3. Toca el botón con el signo de más (+) en la esquina superior derecha.
4. Selecciona **Crear cuenta para niños** (Create an Apple ID for a child).
5. Ingresa la fecha de nacimiento real de tu hijo/a. El sistema reconocerá automáticamente que es menor de 13 años (no mientas con la edad, o podrías tener problemas de configuración a futuro).

6. Sigue las instrucciones en pantalla de tu teléfono para crear la cuenta. Si tienes el iPhone de tu hijo cerca, el sistema te guiará para configurarlo fácilmente de manera integrada (escaneando un código en pantalla, configurando contraseñas, etc.).

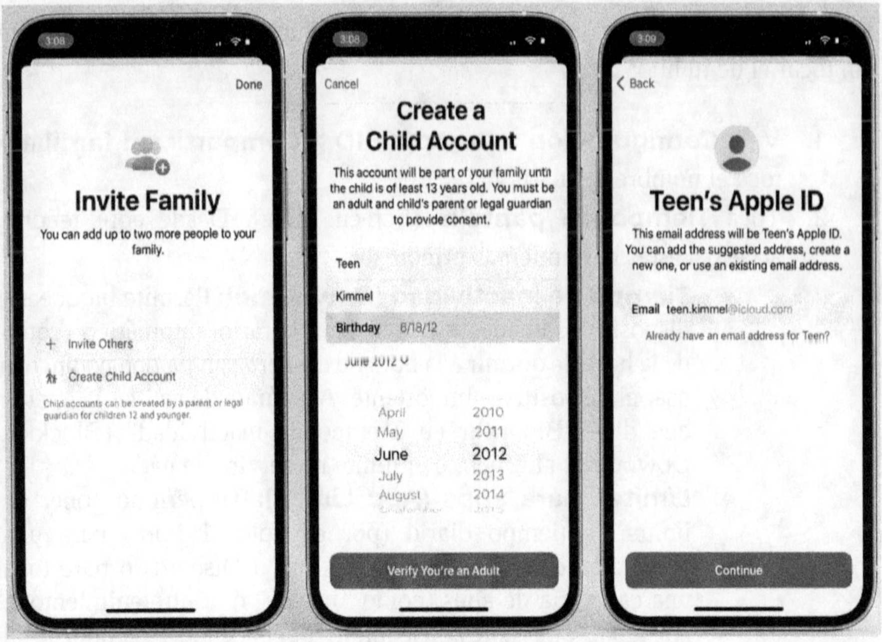

1.1.2 Opción B: Para mayores de 13 años

1. En el dispositivo del adolescente, crea un nuevo Apple ID (o inicia sesión con el que ya tengan).
2. Luego, toma tu iPhone (el dispositivo del padre/madre) y ve a **Configuración > Tu Apple ID > Compartir en familia**.
3. Toca el botón + y selecciona **Invitar a otros** (Invite).

4. Envía la invitación al Apple ID que acabas de configurar en el teléfono de tu hijo/a.
5. Ve al dispositivo de tu hijo/a y **Acepta la invitación**.

1.2 Configurar los límites y controles con "Tiempo en pantalla" (Screen Time)

Una vez vinculadas las cuentas, desde tu propio iPhone puedes gestionar todo sin tocar el de tu hijo:

1. Ve a **Configuración > Tu Apple ID > Compartir en familia** y toca el nombre de tu hijo/a.
2. Toca **Tiempo en pantalla** (Screen Time). Desde aquí tendrás acceso a estas herramientas principales:
   - **Tiempo de inactividad (Downtime):** Permite bloquear el dispositivo. Puedes establecer un horario automático (como de la hora de dormir a la hora de despertar) para que no puedan usar el dispositivo. Importante: Asegúrate de activar la opción que dice "Bloquear en Tiempo de inactividad" (Block at Downtime) al fondo, o el límite no servirá de nada.
   - **Límites para apps (App Limits):** Te permite poner un límite de tiempo diario (por ejemplo, 1 hora) para una aplicación específica (como TikTok o Discord) o para toda una categoría de apps (como "Juegos" o "Entretenimiento"). Al igual que antes, asegúrate de encender "Bloquear al terminar el límite".
   - **Límites de comunicación (Communication Limits):** Permite bloquear la capacidad de comunicarse con personas que no estén en sus contactos guardados. También puedes elegir con quiénes se puede comunicar durante el "Tiempo de inactividad" (por ejemplo, permitir que solo puedan llamarte a ti si es de noche). También puedes elegir restringir su capacidad de editar contactos por su cuenta.
   - **Seguridad en la comunicación (Communication Safety):** Escanea las imágenes en busca de contenido

inapropiado antes de que el menor las vea. Les avisará si algo es inapropiado y podría notificarte.

- **Siempre permitidas (Always Allowed):** Aquí puedes añadir aplicaciones que nunca se bloquearán sin importar el límite de tiempo o la inactividad (por ejemplo: Teléfono, apps para la escuela, etc.).
- **Restricciones de contenido y privacidad (Content & Privacy Restrictions):** Permite restringir sitios web y compras. *Nota importante:* Los bloqueos de sitios web aquí configurados funcionan solo para el navegador nativo (Safari). Si le permites a tu hijo instalar Chrome, estas restricciones web no se aplicarán allí.

3. **Para revisar la actividad:** Dentro de este mismo menú, en cualquier momento puedes ver los reportes para saber qué aplicaciones utiliza más tu hijo/a o a qué dominios web (sin las URL específicas) está ingresando.

2. Configuración en computadoras Mac (macOS)

Para que las reglas sean consistentes, también debemos aplicarlas en la computadora donde estudian o juegan.

1. En la Mac de tu hijo, ve al menú **Apple** > **Ajustes del Sistema** (o Preferencias del Sistema) > **Tiempo en pantalla**.
2. Si usas "En familia", puedes seleccionar el nombre de tu hijo en el menú desplegable.
3. Asegúrate de activar la opción **Usar código de tiempo en pantalla** para que los límites queden blindados.

3. La Transparencia: El Factor del Éxito

Como hemos mencionado en el Libro, la tecnología no funciona sin confianza. Antes de entregar el dispositivo configurado, ten una conversación breve:

> *"Hijo, he activado el Tiempo en Pantalla. No es para espiarte, sino para ayudarte a que el teléfono no te robe el sueño ni la paz. Si alguna vez necesitas más tiempo para una tarea escolar, pídeme el código y lo evaluaremos juntos".*

Anexo F: Arquitectura de Seguridad en Windows y Xbox (Microsoft Family Safety)

Propósito de esta guía: Si tu familia utiliza computadoras con Windows para las tareas escolares o una consola Xbox para los momentos de entretenimiento, **Microsoft Family Safety** es tu mejor aliado nativo. En el Capítulo 7 hablamos sobre cómo los videojuegos y los ecosistemas cerrados requieren una configuración activa por parte de los padres. Esta herramienta gratuita te permite agrupar todos los dispositivos de Microsoft bajo un mismo "techo digital", asegurando que los tiempos de descanso cognitivo se respeten y que el contenido inapropiado quede bloqueado.

Versión Digital Siempre Actualizada
Las interfaces de estas aplicaciones cambian constantemente. Escanea el código para acceder a las pantallas más recientes, tutoriales en video y enlaces directos de este anexo.

O visita desde tu navegador:
www.newmasterkids.com/microsoft

1. Creando el "Hogar Digital"

Antes de configurar las computadoras o consolas, debemos crear nuestro grupo familiar desde el navegador o la aplicación.

- **Ingresa al portal:** Ve al buscador de Google y busca Microsoft Family Safety e inicia sesión con tu propia cuenta de Microsoft (la tuya, como padre o madre o crea una nueva).

- **Forma tu familia:** Haz clic en la opción para **"Agregar a un miembro de la familia"**. Ingresa el correo electrónico de tu hijo (si no tiene uno, el sistema te guiará para crearle una cuenta infantil segura).
- **Descarga la aplicación de mando:** En tu propio teléfono celular (Android o iPhone), descarga la app **Microsoft Family Safety**. Desde aquí podrás gestionar todo sin tener que sentarte frente a la computadora de tus hijos.

2. Vinculando la computadora (Windows)

Para que las reglas se apliquen, debemos decirle a la computadora quién la está usando.

1. En la PC con Windows de tu hijo, haz clic en el botón de **Inicio** y ve a **Configuración** (el ícono del engranaje).
2. Ve a **Cuentas** > **Familia y otros usuarios.**
3. En la sección "Tu familia", verás el nombre de tu hijo (porque lo agregaste en el paso de preparación). Haz clic en **Permitir**.
4. A partir de ahora, tu hijo debe iniciar sesión en esa computadora con su propia cuenta, no con la del adulto. *Nota importante:* Asegúrate de que su cuenta sea de tipo "Usuario estándar", no "Administrador", para que no pueda desactivar las reglas.

3. Vinculando la consola (Xbox)

La protección se extiende a los espacios de juego para evitar la fatiga y aislamientos prolongados.

1. Enciende la consola Xbox y presiona el botón **Xbox** en el centro del control para abrir el menú principal.

2. Ve a la pestaña de perfil (a la derecha) y selecciona **Agregar nuevo**.
3. Ingresa con el correo y la contraseña de la cuenta Microsoft de tu hijo.
4. *Consejo clave para el hogar:* Recuérdale a tu hijo que debe "Cerrar sesión" de su perfil al terminar de jugar. Si simplemente apaga el televisor pero deja su sesión abierta, el tiempo de pantalla seguirá contando.

4. Levantando tu "Cerca de Amor" (Límites y Filtros)

Ahora, abre la aplicación de **Microsoft Family Safety** en tu teléfono celular y selecciona el perfil de tu hijo para aplicar los valores de tu hogar:

- **Horarios y Descanso Cognitivo:** Toca la sección de **Tiempo de pantalla**. Puedes establecer un horario en Windows y Xbox (por ejemplo, permitir solo 1 hora al día) y fijar "horas de silencio" para que no puedan jugar después de las 8:00 p.m.
- **Filtros de Contenido (Navegación Limpia):** Ve a la sección **Filtros de contenido** > **Web y búsquedas**. Activa el filtro para bloquear sitios web inapropiados y búsquedas para adultos. *(Nota técnica: Esto funciona de manera impecable con el navegador Microsoft Edge; de hecho, el sistema bloqueará navegadores alternativos para que no puedan evadir el filtro).*
- **Aprobación de Juegos:** En la sección **Aplicaciones y juegos**, configura el límite de edad. Si tu hijo intenta descargar en la Xbox un juego para mayores de 18 años (como muchos juegos de disparos explícitos), te llegará una notificación al celular pidiendo tu autorización.

Conclusión de este paso:

Has logrado integrar tanto los espacios de estudio (Windows) como los de ocio (Xbox) bajo un mismo marco de protección y respeto. Como siempre, el éxito de esto radica en el diálogo. Al configurar la consola juntos, le estás diciendo a tu hijo: *"Me interesa lo que juegas y quiero que te diviertas, pero también quiero que tu cerebro descanse y disfrute de la vida real"*.

Anexo G: Acompañamiento Inteligente y Confianza con Bark

Propósito de esta guía: A medida que nuestros hijos entran a la adolescencia, sus mundos digitales se vuelven más complejos. Prohibirles la comunicación total puede aislarlos, pero dejarlos sin supervisión es peligroso. Aquí es donde **Bark** entra como la herramienta definitiva para la etapa de "Alianza". Bark no es un filtro ciego; es una Inteligencia Artificial que actúa como un "perro guardián". Analiza silenciosamente textos, correos y más de 30 redes sociales, y *solo* te alerta si detecta peligros reales como ciberacoso, ideación suicida, depredadores o contenido explícito. Esta herramienta protege la privacidad de tu hijo (no te deja leer todos sus chats cotidianos), fomentando una relación basada en la confianza mutua y la comunicación.

Versión Digital Siempre Actualizada
Las interfaces de estas aplicaciones cambian constantemente. Escanea el código para acceder a las pantallas más recientes, tutoriales en video y enlaces directos de este anexo.

O visita desde tu navegador:
www.newmasterkids.com/bark

1. Configurando el "Centro de Mando" (La Cuenta del Padre)

Todo comienza creando tu cuenta maestra, desde donde podrás administrar las alertas.

1. **Regístrate:** Desde tu propia computadora o teléfono, entra a bark.us y crea tu cuenta de padre/tutor.
2. **Agrega a tu familia:** El sistema te pedirá que agregues los nombres de tus hijos.
3. **Configura las notificaciones:** Ve a la configuración de tu perfil para agregar tu correo electrónico o número de teléfono. Aquí es donde Bark te enviará una alerta inmediata (un correo o SMS) si la inteligencia artificial detecta una conversación de riesgo.

2. Conectando las Redes Sociales (El Corazón de Bark)

Esta es la función más poderosa. Bark se conecta directamente al "cerebro" de las cuentas de tus hijos, sin importar desde qué aparato inicien sesión.

1. En tu panel de control de Bark, desplázate hacia abajo y selecciona **"+ Agregar"** (Add) en el perfil de tu hijo.
2. Selecciona **"Configurar monitoreo"** (Set up monitoring) y elige la plataforma que deseas vigilar (por ejemplo, Gmail, Instagram, Pinterest, YouTube).
3. El sistema te pedirá que ingreses el usuario y contraseña de la cuenta de tu hijo (o que tu hijo lo ingrese).
4. Aparecerá una ventana de la red social preguntando si permites que Bark acceda. Haz clic en **"Permitir"** (Allow).

3. Instalación Física en los Dispositivos

Para que Bark también pueda monitorear los mensajes de texto del celular, limitar los horarios y bloquear páginas nocivas, debemos instalar su aplicación. El proceso cambia según el teléfono que use tu hijo:

- **Para Celulares Android:**

1. La aplicación para monitorear niños no está en la tienda de Google normal. Debes tomar el teléfono de tu hijo, abrir el navegador y entrar a bark.us/android para descargarla directamente.
2. El celular te pedirá permiso para instalar "Aplicaciones de fuentes desconocidas". Ve a los ajustes y permítelo.
3. Una vez instalada, abre la app en el teléfono del niño. Te pedirá un "Código de dispositivo".
4. Ve a tu panel de control de Bark (en tu celular o PC), busca la opción para obtener el código de sincronización y escríbelo en el teléfono del niño para vincularlos

- **Para iPhone / iPad (iOS):**

1. Debido a las altas restricciones de Apple, Bark monitorea los iPhone desde una computadora de escritorio.
2. En la computadora de tu hogar (PC o Mac), instala la **"Bark Desktop App"** descargándola desde bark.us/ios/.
3. Conecta el iPhone de tu hijo a la computadora con el cable USB y sigue las instrucciones en la pantalla de Bark.
4. A partir de ese momento, la computadora analizará silenciosamente los mensajes del iPhone cada vez que ambos estén conectados al mismo Wi-Fi de la casa.

4. La Transparencia y el Manejo de las Alertas

El verdadero valor de Bark no está en el software, sino en la conversación que genera. Si recibes una alerta sobre una palabra extraña o un comportamiento de acoso, *respira profundo antes de confrontar*.

Utiliza esta frase como puente de conexión:

"Hijo, el filtro que instalamos juntos me mandó una alerta sobre algo en Instagram. No estoy aquí para castigarte, sino para entender qué está pasando. ¿Alguien te hizo sentir mal o hay algo de lo que necesites hablar?"

Anexo H: Prevención Estricta y Bloqueo Dinámico con Qustodio

Propósito de esta guía: Cuando nuestros hijos se encuentran en una etapa donde aún están desarrollando su autocontrol (especialmente entre los 6 y los 12 años), o cuando necesitamos establecer límites inquebrantables, **Qustodio** se convierte en el estándar de la industria. Como vimos en el Capítulo 6, a diferencia de Bark que permite el acceso y luego avisa, Qustodio actúa como un escudo protector proactivo: evalúa los sitios antes de que carguen y los bloquea inmediatamente basándose en tus valores. Es ideal para crear un entorno predecible y seguro.

Versión Digital Siempre Actualizada
Las interfaces de estas aplicaciones cambian constantemente. Escanea el código para acceder a las pantallas más recientes, tutoriales en video y enlaces directos de este anexo.

O visita desde tu navegador:
www.newmasterkids.com/qustodio

1. Tu Centro de Mando Familiar

Antes de instalar nada en los teléfonos o computadoras de tus hijos, debes crear la cuenta desde la cual dirigirás esta orquesta de protección.

1. **Crea tu cuenta gratuita:** Desde tu propia computadora o teléfono, entra a qustodio.com y selecciona **Comenzar** o descarga la

aplicación de Qustodio para padres. Crea tu cuenta utilizando tu correo electrónico personal.

2. **Crea el perfil de tu hijo:** Una vez dentro del panel, el sistema te pedirá el nombre, género y año de nacimiento de tu hijo. Esta información ayuda a Qustodio a preconfigurar un nivel de protección adecuado para su edad.

Crea tu cuenta

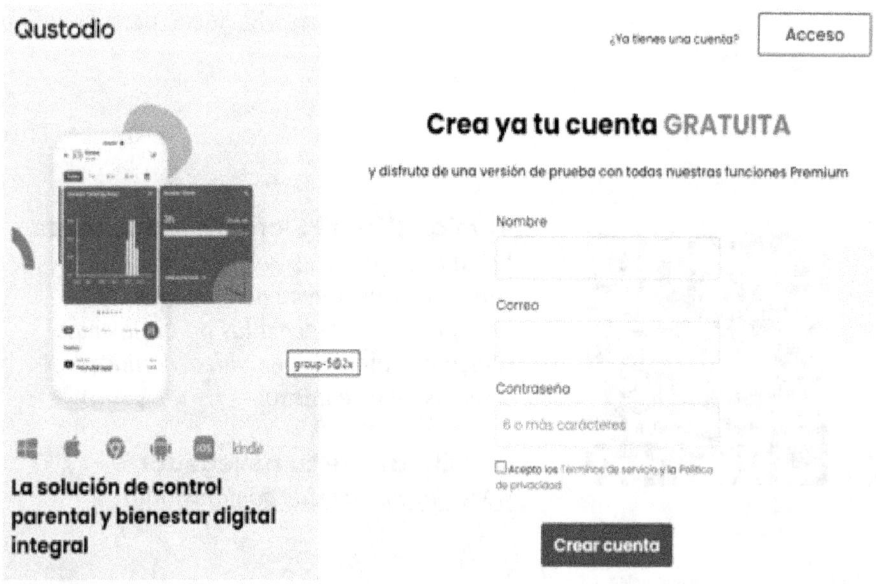

Configura el perfil de tu hijo

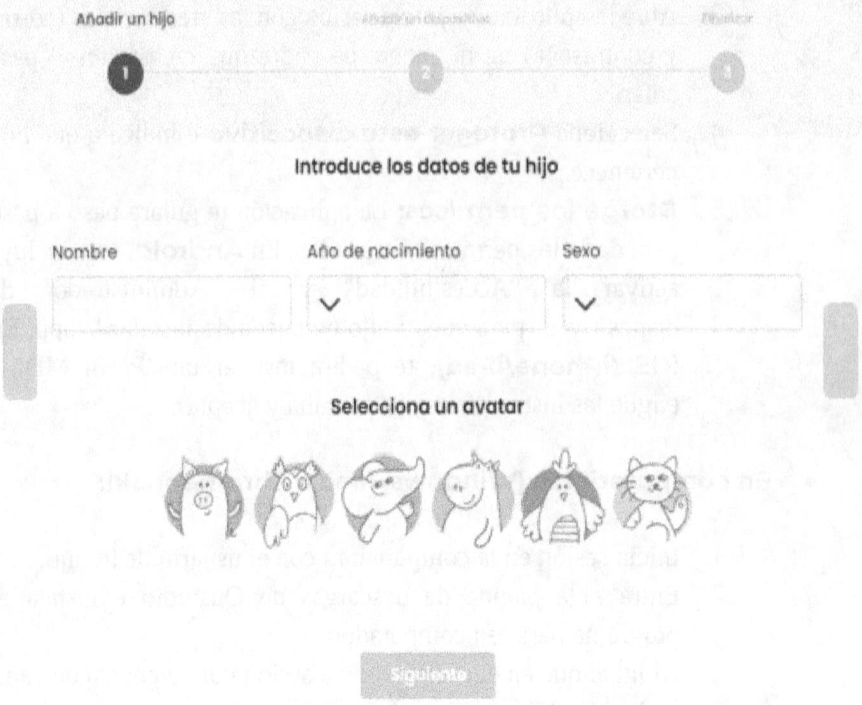

2. Instalación en el Dispositivo del Menor (La Cerca Protectora)

Ahora, toma el dispositivo de tu hijo (ya sea celular, tableta o computadora).

- **En teléfonos y tabletas (Android o iOS):**

1. Ve a la tienda de aplicaciones (Google Play Store o Apple App Store) y busca **Kids App Qustodio** (Aplicación de Qustodio para niños).
2. Descarga e instala la aplicación.
3. Abre la aplicación e inicia sesión con las credenciales (correo y contraseña) de tu cuenta de padre que creaste en el paso anterior.
4. Selecciona **Proteger este dispositivo** e indica a qué hijo pertenece.
5. **Otorga los permisos:** La aplicación te guiará paso a paso para darle los permisos necesarios. En **Android**, esto incluye activar la "Accesibilidad" y el "Administrador de dispositivos" para que tu hijo no pueda desinstalar la app. En **iOS (iPhone/iPad)**, te pedirá instalar un "Perfil MDM" (sigue las instrucciones en pantalla y acepta).

- **En computadoras (Windows, Mac o Chromebook):**

1. Inicia sesión en la computadora con el usuario de tu hijo.
2. Entra a la página de descargas de Qustodio e instala el programa para esa computadora.
3. Al igual que en el celular, inicia sesión con tu cuenta de padre y vincula el dispositivo al perfil de tu hijo.

3. Configuración de las Reglas (Tus Valores en Acción)

Vuelve a tu teléfono o computadora (el panel del padre). Aquí es donde pondremos en práctica los principios de *Corazones Conectados*. Haz clic en el perfil de tu hijo y ve a la sección **Reglas**.

Anexo H: Prevención Estricta y Bloqueo Dinámico con Qustodio

- **Límites de tiempo diario:** Esto protege su cerebro del "Efecto TikTok" del que hablamos en el libro. En **Límites de tiempo diario**, puedes establecer cuántas horas al día puede usar las pantallas. Te recomendamos activar la opción **Bloquear navegación** para que, al acabarse el tiempo, el internet se corte.
- **Horarios restringidos (El descanso cognitivo):** Ve a la sección de **Restricciones de tiempo**. Aquí verás un calendario. Pinta de rojo las horas en las que las pantallas están prohibidas (por ejemplo, a la hora de la cena familiar o después de las 8:30 p.m. para proteger su sueño).

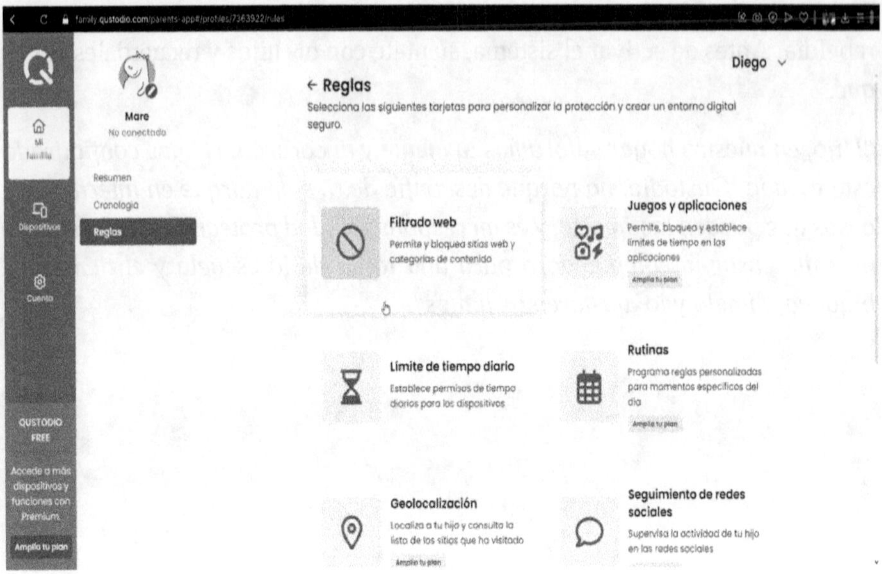

- **Filtros web (El blindaje moral):** Esta es la barrera más fuerte. Ve a **Filtros web**. Qustodio bloqueará automáticamente por defecto categorías dañinas como "Pornografía", "Apuestas" y "Violencia".

Además, asegúrate de que la opción de "Búsqueda segura" (Safe Search) esté forzada, delegando el filtrado pesado a Google y YouTube.

- **Control de Juegos y Aplicaciones:** Puedes ver exactamente qué aplicaciones usan. Si consideras que una red social en particular está robando su paz (ej. TikTok o Instagram), puedes bloquearla por completo con un solo interruptor, o ponerle un límite de 30 minutos específicos a esa app.

4. La Regla de Oro: El Diálogo Indispensable

Tal como advertimos en el Capítulo 6, una cerca levantada en secreto genera rebeldía. Antes de activar el sistema, siéntate con tus hijos y recuérdales el *por qué.*

"Hijo, en nuestro hogar valoramos tu mente y tu corazón. Hemos configurado este escudo, Qustodio, no porque desconfíe de ti, sino porque en internet hay cosas que pueden lastimarte, y es mi responsabilidad protegerte. Si alguna vez necesitas usar la computadora para una tarea de la escuela y el tiempo se bloquea, dímelo y lo ajustaremos juntos".

Anexo I: Filtro Visual en Tiempo Real con Canopy

Propósito de esta guía: Para cerrar nuestro recorrido técnico, presentamos **Canopy**, una de las herramientas más innovadoras y respetuosas de la privacidad para la etapa de entrenamiento y alianza. A diferencia de otros filtros que simplemente bloquean páginas enteras, Canopy utiliza inteligencia artificial avanzada que "ve" lo que tu hijo está viendo en milisegundos. Su propósito principal es actuar como un escudo visual: si detecta una imagen o video con desnudez o contenido explícito, lo difumina antes de que llegue a los ojos de tu hijo, protegiéndolo de la exposición accidental y del riesgo del "sexting".

Es la herramienta ideal para padres que desean proteger la integridad visual de sus hijos sin tener que leer sus conversaciones privadas.

Versión Digital Siempre Actualizada
Las interfaces de estas aplicaciones cambian constantemente. Escanea el código para acceder a las pantallas más recientes, tutoriales en video y enlaces directos de este anexo.

O visita desde tu navegador:
www.newmasterkids.com/canopy

1. Creando el Escudo Maestro

Como en las herramientas anteriores, el primer paso es establecer tu cuenta de administrador como padre.

1. **Crea tu cuenta:** Visita canopy.us desde tu computadora o teléfono y regístrate. Canopy ofrece un periodo de prueba para que puedas familiarizarte con su tecnología.
2. **Configura el perfil familiar:** Agrega los perfiles de tus hijos. Canopy ajustará automáticamente la sensibilidad del filtro basándose en la edad que ingreses, buscando siempre un equilibrio entre protección y funcionalidad.

2. Instalación en el Dispositivo del Menor

Canopy requiere ser instalado directamente en el "Endpoint" o dispositivo que el niño utiliza.

- **Para iPhone y iPad (iOS):**

  a. Descarga la aplicación **Canopy** desde la App Store en el dispositivo de tu hijo.
  b. Inicia sesión con tu cuenta de padre.
  c. **Instalación del Perfil de Gestión:** Canopy te guiará para instalar un "Escudo de Protección" (Perfil MDM). Esto es vital para que la inteligencia artificial pueda filtrar el contenido dentro de Safari y otras aplicaciones. Sigue las instrucciones y toca "Permitir" e "Instalar" cuando el iPhone te lo solicite.

- **Para Android:**

  a. Descarga la aplicación desde la Play Store o siguiendo el enlace directo que te proporcione el panel de control.
  b. Activa los **Servicios de Accesibilidad**. Esto permite que la IA de Canopy "escanee" visualmente la pantalla para proteger a tu hijo en tiempo real.

3. Configurando el "Smart Filter" (Filtro Inteligente)

Una vez instalada, abre tu aplicación de padre para ajustar la intensidad de la "Cerca de Amor":

- **Filtrado de Imágenes y Videos:** Asegúrate de que la opción de **Filtro Inteligente** esté activa. Esta función detecta pornografía y desnudez incluso en aplicaciones de redes sociales o navegadores donde otros filtros fallan.
- **Prevención de Sexting:** Canopy tiene una función única que analiza las fotos que el niño intenta *enviar* o *recibir*. Si detecta contenido inapropiado, bloquea la imagen y te envía una notificación para que puedas intervenir con amor y sabiduría.
- **Gestión de Aplicaciones:** Al igual que Qustodio, puedes ver qué aplicaciones se han descargado y bloquear aquellas que consideres que exponen a tu hijo a influencias contrarias a tus valores familiares.

4. La Promesa de la Protección Visual

Canopy no lee los textos íntimos de tu hijo, lo que ayuda a mantener el vínculo de confianza del que hablamos en el Capítulo 3. Antes de terminar la configuración, habla con tu hijo sobre esta herramienta:

> *"Hijo, internet a veces muestra cosas que no estamos listos para ver y que pueden ensuciar nuestra mente. He puesto este filtro llamado Canopy para que actúe como unos lentes protectores. Si algo malo intenta aparecer, el filtro lo tapará para que tú puedas navegar tranquilo. Te amo y quiero cuidar lo que ven tus ojos".*

Anexo J: Acuerdo Digital Familiar Un Pacto de Conexión y Amor

Este acuerdo es un contrato moral y práctico diseñado para proteger el corazón de nuestra familia. Reconocemos que los hijos son una herencia sagrada (Salmo 127:3) y que nuestra responsabilidad es guiar su caminar en un mundo hiperconectado. Este documento no es un pliego de dictaduras, sino una alianza de convivencia que incluye a todos los miembros de la casa. El objetivo es asegurar que la tecnología se mantenga como una herramienta útil y no se convierta en un obstáculo para nuestro vínculo afectivo y espiritual.

Versión Digital Siempre Actualizada
Las interfaces de estas aplicaciones cambian constantemente. Escanea el código para acceder a las pantallas más recientes, tutoriales en video y enlaces directos de este anexo (también tendrás una versión digital del documento que puedes imprimir pata tu documento inicial de compromisos de este anexo).

O visita desde tu navegador:
www.newmasterkids.com/acuerdo

1. Zonas y Horarios Sagrados (Cercas de Amor)

Reconocemos la necesidad vital de establecer santuarios libres de tecnología dentro del hogar para fomentar el descanso cognitivo y proteger los momentos de conexión familiar.

- **La Mesa del Comedor:** Es una regla inquebrantable que no habrá pantallas de ningún tipo durante las comidas. Este es un tiempo sagrado para mirarnos a los ojos, conversar y compartir nuestro día.
- **El Descanso Nocturno:** Los teléfonos celulares, tabletas y consolas portátiles no deben entrar a las habitaciones durante la noche. Todos los dispositivos se cargarán en una zona común (como la sala o la cocina) a partir de una hora establecida. Esto previene el acceso solitario a contenido dañino en horarios vulnerables.
- **Espacios de Desconexión Semanal:** Nos esforzaremos por mantener tiempos prolongados (como un día o una tarde a la semana) totalmente libres de pantallas recreativas para realizar actividades analógicas y fortalecer nuestro hogar.

2. Privacidad con Rendición de Cuentas

Entendemos que la confianza se construye con transparencia mutua. Al llegar a la etapa de la adolescencia (12-17 años), se otorga un equilibrio justo entre la privacidad del joven y la responsabilidad de guía de los padres.

- Los padres se comprometen a respetar el espacio del joven, garantizando que no leerán de forma invasiva todos sus mensajes de texto cotidianos.
- Se configurarán herramientas de monitoreo semántico pasivo (como Bark) o filtros dinámicos (como Qustodio/Canopy) que alertarán a los padres *sólo* si se detectan indicios de riesgos serios, tales como ciberacoso, signos de depresión, contenido explícito o violencia.
- Cualquier alerta recibida será motivo de un diálogo abierto y empático, no de un castigo impulsivo. Instruimos con amor, no espiamos con temor (Proverbios 22:6).

3. Reglas para los Adultos (Modelaje Radical)

Este acuerdo carece de autoridad moral si los padres no se someten a las mismas disciplinas. Los adultos del hogar asumen el compromiso ineludible de liderar con su propio ejemplo.

- **Atención y Presencia:** Nos comprometemos a soltar el dispositivo y hacer contacto visual cuando nuestros hijos nos hablan. No permitiremos que una notificación interrumpa un momento de enseñanza o conexión.
- **Tiempo Exclusivo:** Declaramos horarios donde nuestros propios teléfonos estarán apagados o guardados (por ejemplo, de 6:00 p.m. a 9:00 p.m.), dedicando ese tiempo exclusivamente a la familia.
- **Vulnerabilidad:** Si recaemos en la distracción digital durante tiempos familiares, lo admitiremos en voz alta, pediremos perdón y volveremos a guardar el dispositivo.

4. Consecuencias Predecibles (No Reacciones Emocionales)

Las normas claras y anticipadas evitan conflictos basados en el enojo. Si alguna de las directrices de este acuerdo se rompe, las siguientes consecuencias se aplicarán de forma firme pero amorosa, como parte de nuestro pacto mutuo.

Infracción del Acuerdo	**Consecuencia Acordada**

Llevar el dispositivo a zonas prohibidas (ej. la mesa) o retenerlo en la habitación durante el horario de descanso nocturno.	Pérdida inmediata del privilegio de uso recreativo del dispositivo durante las siguientes 24 horas.
Instalar aplicaciones, descargar videojuegos o crear cuentas nuevas en plataformas sociales sin la previa revisión y autorización de los padres.	Desinstalación o eliminación de la cuenta al instante, seguido de una revisión completa de los permisos de descarga en el dispositivo.
Intentar evadir, desactivar o alterar maliciosamente las herramientas de control parental, filtros de red o monitoreo instaladas.	Reversión del dispositivo a un estado de restricción máxima (comunicación básica permitida únicamente) hasta que se restaure la confianza mediante un diálogo profundo y sostenido.

Firmas de Compromiso

Al firmar este documento, todos los presentes reconocemos que el fin último de estas reglas no es el control tecnológico, sino mantener nuestros corazones estrechamente conectados, protegiendo la mente, el alma y la integridad de nuestra familia bajo el diseño de Dios.

Anexo J: Acuerdo Digital Familiar Un Pacto de Conexión y Amor

Firma del Padre / Madre: ______________________________

Firma del Hijo / Hija: ______________________________

Fecha: ______________________________

Anexo K: Despliegue de Seguridad Digital "Corazones Conectados"

Versión Digital Siempre Actualizada
Las interfaces de estas aplicaciones cambian constantemente. Escanea el código para acceder a las pantallas más recientes, tutoriales en video y enlaces directos de este anexo (también tendrás una versión digital del documento que puedes imprimir pata tu lista de chequeo de los pasos de implementación de este anexo).

O visita desde tu navegador:
www.newmasterkids.com/despliegue-local

Fase 1: Saneamiento Emocional y Auditoría (Semanas 1 y 2)

Antes de realizar cambios técnicos, es vital restaurar la confianza y entender la realidad actual del hogar. No toques un solo cable del enrutador hasta haber preparado el terreno emocional.

Acción Principal	Descripción y Propósito	Completado
Vulnerabilidad	Reunión con los hijos para	[ ]

Inicial	pedir perdón por ausencias pasadas debido a los dispositivos. Un "Hijo, perdóname por haberte dado un dispositivo cuando necesitabas un abrazo" tiene un poder restaurador inmenso.	
Ritual "Las 3 del Día"	Dedicar 5 minutos cada noche al borde de la cama, sin teléfonos cerca. Preguntar: ¿Qué fue lo mejor?, ¿qué fue lo más difícil?, y terminar acompañándolos emocionalmente.	[ ]
Inventario y Auditoría	Observar silenciosamente cuántas horas reales pasan todos en dispositivos e identificar los momentos de mayor conflicto relacionados con la tecnología.	[ ]

Fase 2: Implementación de la Arquitectura de Red (Semanas 3 y 4)

Con el diálogo abierto y un ambiente no hostil, se procede a la instalación tecnológica con total transparencia. A continuación, selecciona las herramientas que mejor se adapten a las necesidades y edad de tu familia basándote en la guía:

Herramienta Tecnológica	Categoría / Propósito principal	Seleccionar
Pi-hole	Nivel de Red: Sumidero DNS local para toda la casa (Gratuito, requiere perfil técnico)	[ ]
Firewalla	Nivel de Red: Firewall físico plug-and-play para el hogar (Fácil de usar)	[ ]
NextDNS	Nivel de Red (Nube): Protege los celulares de los hijos fuera de casa (usando	[ ]

	datos móviles)	
Google Family Link	Dispositivos: Gestión nativa gratuita para celulares Android y Chromebooks	[ ]
Apple Screen Time	Dispositivos: Gestión nativa gratuita para iPhone, iPad y computadoras Mac	[ ]
Microsoft Family Safety	Dispositivos: Gestión nativa gratuita para computadoras Windows y consolas Xbox	[ ]
Bark	Software: Vigilancia semántica con IA (Ideal para la privacidad de los adolescentes)	[ ]
Qustodio	Software: Prevención	[ ]

Anexo K: Despliegue de Seguridad Digital "Corazones Conectados"

	estricta y bloqueo dinámico basado en reglas (Ideal para niños pequeños)	
Canopy	Software: Filtro visual en tiempo real con IA (Difumina imágenes explícitas al instante)	[ ]
Controles de Consolas	Plataforma: Ajustes de privacidad en Nintendo Switch, PlayStation o Xbox	[ ]
Controles de Videojuegos	Plataforma: Cuentas limitadas y restricciones en Roblox o Epic Games (Fortnite)	[ ]

- **Barrera Perimetral:** Configuración de un sistema de red (como Pi-hole o Firewalla) para asegurar que todo el hogar esté filtrado contra pornografía y dominios hostiles de forma automática.
- **Instalación Transparente:** Reunión para instalar Google Family

Link, Qustodio o Bark en los celulares, explicando que es una herramienta de protección (como el cinturón de seguridad).

- **Asegurar Consolas:** Entrar a las configuraciones de Nintendo Switch, Xbox o PlayStation para deshabilitar chats de voz con desconocidos y establecer horarios límite.

Fase 3: Sustitución de Hábitos Analógicos (Mes 2 en adelante)

Es fundamental ofrecer alternativas atractivas para llenar el espacio vacío que deja la reducción del tiempo digital.

Estrategia	Beneficio y Frecuencia	Completado
Cocinar Juntos	Semanal. Facilita la "conversación lateral" (hombro a hombro) que reduce la presión del contacto visual en adolescentes.	[ ]
Caminatas sin Rumbo	20 minutos semanales. El movimiento reduce el cortisol y facilita una apertura emocional	[ ]

	profunda.	
Aprender algo nuevo	Padre e hijo como aprendices. Elimina la jerarquía tradicional y crea una complicidad poderosa.	[ ]
Servicio Comunitario	Mensual. Antídoto directo contra el narcisismo de las redes sociales al poner el foco en los demás.	[ ]
Sábado Digital	Día semanal de descanso absoluto de pantallas recreativas para fomentar la comunicación y la creatividad.	[ ]

Anexo L: Configuración Definitiva de la Capa de Red Móvil con Radiant Mobile

Propósito de esta guía: Cuando nuestros hijos salen del perímetro físico de nuestro hogar y apagan la recepción Wi-Fi, sus dispositivos quedan a merced de la internet abierta a través de los datos celulares. Este anexo técnico ha sido diseñado para guiarte paso a paso en el despliegue de la "Capa Cero" de ciberseguridad familiar utilizando Radiant Mobile, el primer operador móvil virtual estructurado bajo una cosmovisión cristiana en los Estados Unidos. A través de esta guía, aprenderás a activar el servicio, configurar las restricciones del panel de control parental, sellar fugas en redes inalámbricas externas y sustituir el ocio digital nocivo mediante un ecosistema de entretenimiento edificado en la fe.

Versión Digital Siempre Actualizada

Las interfaces de estas aplicaciones cambian constantemente. Escanea el código para acceder a las pantallas más recientes, tutoriales en video y enlaces directos de este anexo.

O visita desde tu navegador:
www.newmasterkids.com/radiant

1. Lo que necesitas tener a mano antes de empezar

- **Un dispositivo compatible:** Cualquier teléfono inteligente desbloqueado (iPhone o Android) bajo la modalidad de "traiga su propio dispositivo" (BYOD).

- **Información de portabilidad:** Si deseas que tu hijo conserve su número telefónico actual, necesitas el número de cuenta y el PIN de transferencia de tu proveedor de telefonía móvil anterior.
- **Acceso a la plataforma web o móvil:** Una computadora o el teléfono del padre para gestionar el panel centralizado de administración familiar.
- **Un momento de sintonía familiar:** Tal como establecemos en la regla de oro del monitoreo transparente, reúne a tu hijo antes del despliegue técnico para explicarle que esta configuración es una cerca de amor que guardará sus pasos fuera de casa.

2. Activación e Infraestructura de la Capa Cero

Radiant Mobile no requiere la adquisición de hardware modificado o restrictivo. El servicio opera mediante una tarjeta SIM tradicional o una eSIM de última generación, apalancándose de forma masiva sobre la infraestructura de la red nacional de T-Mobile, lo que garantiza conectividad 5G de alta velocidad sin latencias.

1. **Selección del modelo de suscripción:** Ingresa al portal oficial del operador y selecciona el esquema financiero que mejor se adapte a tu núcleo familiar. Todos los planes incluyen llamadas y mensajes de texto ilimitados a nivel nacional, función de punto de acceso personal (*Hotspot*) y un volumen de 6 Gigabytes de datos mensuales en red 5G por línea:
    - *Plan Individual:* Diseñado para adultos jóvenes o líderes de la congregación.
    - *Plan Pareja:* Ideal para matrimonios enfocados en la rendición de cuentas mutua.
    - *Plan Familiar:* Estructurado para hogares estándar que requieren entre 3 y 7 líneas activas.

    - *Plan Tribu:* Optimizado para familias numerosas que manejan entre 8 y 12 líneas activas.
2. **Procesamiento de la línea y portabilidad:** Durante el registro, la plataforma ejecutará la suite de soporte provista por la firma global Compax Venture, encargada de gestionar de forma automatizada la facturación, el aprovisionamiento de las credenciales de red y la migración limpia de los números telefónicos existentes.
3. **Instalación física o digital:** Si optaste por una tarjeta SIM física, insértala en la ranura lateral del dispositivo móvil de tu hijo utilizando la herramienta de extracción. Si seleccionaste una eSIM, escanea el código QR enviado a tu correo electrónico de administración familiar desde el menú de configuración de red del teléfono del menor para enlazar la línea de forma inmediata.

3. Levantando la Cerca de Amor Móvil (Radiant Shield)

El verdadero núcleo de control perimetral se fundamenta en la Inspección Profunda de Paquetes ejecutada de forma invisible en el núcleo mismo de la red celular por la firma militar de ciberseguridad llamada Allot. Al procesar el tráfico a nivel de operador, las restricciones se vuelven completamente inalterables para los adolescentes, anulando cualquier intento de evasión mediante alteraciones DNS o el uso de redes privadas virtuales (VPN).

Una vez que la línea se encuentre activa, abre la aplicación de comando parental en tu propio teléfono inteligente e ingresa a la suite **Radiant Shield** para gobernar las políticas de filtrado sobre las 120 categorías semánticas del sistema:

1. **Verificación del Bloqueo Duro Obligatorio:** El sistema aplica de forma preestablecida e irrevocable un bloqueo absoluto a todo contenido pornográfico, desnudez explícita, material de terrorismo, extremismo, violencia gráfica y portales de autolesión. No existe ningún código de anulación para estas categorías, protegiendo el sistema de recompensa cerebral del menor contra la desensibilización dopaminérgica.
2. **Ajuste del Perfil de Edad:** Configura el nivel del menor en el panel semántico. Esto activará de manera automática un veto estricto sobre información asociada a narcóticos, abusos de sustancias y drogas dañinas, manteniendo la accesibilidad abierta únicamente para las líneas de los padres.
3. **Personalización de Filtros Culturales e Ideológicos:** Con base en el discernimiento de tu hogar, activa o desactiva los interruptores de contención opcionales que bloquean por defecto corrientes culturales perjudiciales para la identidad revelada de tus hijos. Puedes restringir de un solo toque el acceso a sitios de juegos de azar, portales de satanismo, sectas destructivas, foros de piratería informática (*hacker news*), subculturas de perforaciones corporales (*piercing*), portales de modelos de moda, así como contenidos de ideología de género o plataformas LGBTQ+.
4. **Configuración de Horarios de Descanso Cognitivo:** Para evitar que la pantalla secuestre las horas de sueño de tus hijos, ingresa a la función **Blocked Time**. Programa un apagón completo de transferencia de datos celulares a nivel de antena (por ejemplo, de lunes a viernes a partir de las 8:00 p.m.). Al llegar a la hora pactada, el teléfono perderá la conectividad de red celular de forma automática, eliminando la fricción de la confiscación física nocturna.
5. **Activación de la Interacción Analógica Lateral:** Ante berrinches, crisis conductuales o durante la ventana sagrada de las cenas familiares, utiliza el botón de acción inmediata **Quiet Time**. Esta utilidad suprime de forma manual el flujo de datos hacia el aparato por un periodo determinado en el momento, obligando al

cerebro del joven a desconectarse y facilitando la conversación lateral hombro a hombro en el hogar.

6. **Despliegue de Geovallas para la Paz Mental:** Aprovechando la telemetría nativa de las antenas de conectividad celular, accede al módulo de *Geo-fencing* dentro de Radiant Shield. Dibuja perímetros de seguridad sobre el mapa digital alrededor de la institución educativa y de tu casa; el sistema te enviará una notificación automática cuando el dispositivo del menor cruce dichos límites geográficos, resguardando su seguridad física sin necesidad de invadir su espacio con constantes mensajes de texto.

4. Sellando las Fugas de Red (Activación de OffNetSecure)

El talón de Aquiles de cualquier cortafuegos basado exclusivamente en la tarjeta SIM ocurre cuando el adolescente ingresa a un entorno con conectividad inalámbrica ajena (como el Wi-Fi abierto de una cafetería, la escuela o la casa de un amigo). En ese microsegundo, los datos celulares se apagan y el teléfono queda completamente expuesto a internet abierto. Para sellar este punto ciego de forma hermética, ejecuta el protocolo OffNetSecure:

1. **Descarga la aplicación en el dispositivo del hijo:** Con el dispositivo del menor en la mano, ingresa a la tienda oficial (App Store en iOS o Google Play en Android) y descarga la aplicación móvil provista por Radiant Mobile.
2. **Sincronización y permisos de administración:** Abre la aplicación e introduce las credenciales de tu cuenta maestra de administración. El sistema te solicitará autorización para instalar un perfil de gestión local (MDM) o una configuración de bucle VPN local basada en el kit de desarrollo de software (SDK) de Allot.

3. **Blindaje automático de redes externas:** Una vez concedidos los permisos, la aplicación operará de forma silenciosa en la raíz del sistema operativo. Cada vez que el teléfono intente enlazarse a una red Wi-Fi ajena, el SDK interceptará de inmediato las peticiones de navegación y levantará un túnel cifrado que rebotará todo el tráfico de regreso a los servidores de inspección profunda del operador. Gracias a esto, la matriz de las 120 categorías morales de bloqueo, el filtro antipornografía estricto y las reglas de horarios por calendario seguirán escoltando de forma ininterrumpida al menor sin importar la red inalámbrica que utilice.

5. Redimiendo el Tiempo de Ocio con Radiant Life

La neurociencia y la psicología del desarrollo nos advierten que las mentes juveniles acostumbradas a las cisternas rotas de la estimulación algorítmica constante sufrirán un vacío cognitivo y un profundo síndrome de abstinencia al verse restringidas de las redes sociales tradicionales. Para evitar que el aislamiento de los límites técnicos genere una ira destructiva en el alma del menor, es indispensable sustituir el consumo secular por alternativas ricas en propósito y edificación relacional:

1. **Exploración de Contenido:** Introduce a tus hijos a la suite **Radiant Life**, una plataforma de distribución de contenido teológico y formativo empaquetada de manera completamente gratuita dentro de la suscripción mensual del plan móvil.
2. **Disfrute de Recursos según la Edad:** Sustituye el desplazamiento infinito de videos seculares promoviendo el catálogo de recursos audiovisuales integrados:
   - **Para la infancia:** Guía a los más pequeños del hogar hacia las animaciones y las historias bíblicas semanales

protagonizadas por personajes icónicos del cristianismo, diseñadas para cimentar los valores fundamentales del Reino.

- **Para la adolescencia y juventud**: Promueve el consumo de producciones musicales teológicas modernas, podcasts edificantes, testimonios reales de fe interactiva y entrevistas crudas con celebridades cristianas y eruditos bíblicos. Estos recursos actúan como un antídoto directo contra las narrativas nocivas y superficiales de la cultura popular masiva.

3. **Fortalecimiento del Legado Comunitario:** Aprovecha el entorno de economía paralela circular que ofrece el operador técnico. Radiant Mobile cuenta con un "Programa de Discipulado" que otorga doce meses de servicio completamente gratuitos al padre que logre referir el ecosistema a doce familias de su congregación, fortaleciendo el tejido espiritual de la comunidad eclesiástica local. Asimismo, la operadora mantiene alianzas estratégicas para donar de forma directa un porcentaje de tu factura mensual a los ministerios e iglesias locales inscritas, transformando un gasto operativo básico de telecomunicaciones en una siembra activa para la obra de Dios en la tierra.

Anexo M: Despliegue de Seguridad Digital "Camino Capa Cero" (Radiant Mobile)

Propósito de esta guía: Este anexo está diseñado exclusivamente para las familias que han optado por el "Camino Táctico B", fundamentando su ciberseguridad en la reedificación celular (Capa Cero). Esta hoja de ruta te guiará paso a paso para migrar tu servicio, sellar los puntos ciegos, acoplar la inteligencia artificial en los dispositivos y sustituir la hiperestimulación secular por un ecosistema de entretenimiento edificado en la fe.

Versión Digital Siempre Actualizada
Las interfaces de estas aplicaciones cambian constantemente. Escanea el código para acceder a las pantallas más recientes, tutoriales en video y enlaces directos de este anexo (también tendrás una versión digital del documento que puedes imprimir pata tu lista de chequeo de los pasos de implementación de este anexo).

O visita desde tu navegador:
www.newmasterkids.com/capa-cero

Fase 1: Saneamiento Emocional y Auditoría (Semanas 1 y 2)

Antes de realizar cambios técnicos o portabilidades numéricas, es vital restaurar la confianza y preparar el terreno relacional del hogar.

Acción Principal	Descripción y Propósito	Completado
Vulnerabilidad Inicial	Reunión con los hijos para pedir perdón por ausencias pasadas debido a los dispositivos. Un "Hijo, perdóname por haberme distraído en la pantalla cuando necesitabas mi atención" tiene un poder restaurador inmenso.	[ ]
Ritual "Las 3 del Día"	Dedicar 10 minutos cada noche al borde de su cama, sin teléfonos cerca. Preguntar: ¿Qué fue lo mejor?, ¿qué fue lo más difícil?, y terminar orando por ellos para consolidar el apego seguro.	[ ]
Inventario y Auditoría	Observar silenciosamente cuántas horas reales pasan todos en dispositivos e identificar los momentos de mayor conflicto relacionados con la tecnología para abordarlos en el Acuerdo Familiar.	[ ]

Fase 2: Despliegue de la Infraestructura Celular Limpia (Semanas 3 y 4)

Con el diálogo abierto en gracia, procedemos a la migración tecnológica y la configuración de las capas de defensa (Capa 0, Capa 2 y Capa 3).

Herramienta / Acción Estratégica	Descripción y Propósito	Completado
Migración a Radiant Mobile (Capa 0)	Realizar la portabilidad de las líneas familiares al nuevo operador. Insertar las SIM/eSIM para que la red 5G comience a filtrar automáticamente la pornografía y el extremismo desde la antena.	[ ]
Configurar Radiant Shield (Panel Parental)	Ingresar a la app maestra para ajustar los filtros por edad, bloqueando categóricamente el acceso a narcóticos, juegos de azar o ideologías nocivas según	[ ]

	los valores del hogar.	
Sellar Fugas Wi-Fi (OffNetSecure)	Instalar la app del operador en el teléfono de cada hijo. Esto levanta un túnel cifrado automático que protege al menor cuando usa el Wi-Fi abierto de cafeterías o del colegio.	[ ]
Automatizar Descanso (Blocked Time)	Programar en Radiant Shield el apagón de datos celulares nocturno (ej. a las 8:00 p.m.) para proteger los ciclos de sueño del menor sin tener que confiscar el aparato físicamente.	[ ]
Vigilancia Semántica (Bark - Capa 2)	Instalar Bark en los teléfonos. Dado que la red no lee mensajes encriptados, esta IA actúa como guardia interno, alertando sobre ciberacoso o ideación suicida en chats privados y redes permitidas.	[ ]
Blindaje de	Ajustar los controles nativos de	[ ]

Entornos Inmersivos (Capa 3)	las consolas (PlayStation, Xbox, Switch) y cuentas de juegos (Roblox, Fortnite) para inhabilitar chats de voz con desconocidos y restringir micropagos.	

Fase 3: Sustitución de Hábitos y Provisión de Remedio (Mes 2 en adelante)

El error más trágico es limitar el tiempo digital sin ofrecer alternativas ricas para llenar el inmenso espacio vacío. Debemos reintroducir experiencias con propósito.

Estrategia y Herramienta	Beneficio y Frecuencia	Completado
Consumo de Radiant Life (Remedio Digital)	Sustituir el desplazamiento infinito secular por los podcasts teológicos, música, testimonios e historias animadas incluidas en el plan, cultivando una identidad sólida en Cristo.	[ ]

Cenas sin Pantallas (Uso de *Quiet Time*)	Diario. Utilizar el botón de apagón manual de datos en la app paterna durante las cenas para forzar la desconexión y abrir el espacio a la conversación lateral hombro a hombro.	[ ]
Sábado Digital	Semanal. Día de descanso absoluto de pantallas recreativas. Se fomenta la comunicación profunda, la creatividad analógica y el disfrute de la creación de Dios.	[ ]
Servicio Comunitario	Mensual. Antídoto directo contra el narcisismo de las redes sociales al poner el foco de la familia en ayudar a los más necesitados.	[ ]

Glosario de Términos

I. Términos Psicológicos y Neurocientíficos

- **Apego Seguro:** El vínculo emocional ideal donde el niño tiene la certeza de que su padre o madre estará disponible cuando lo necesite, permitiéndole explorar el mundo con confianza y regular sus emociones con facilidad.
- **Corteza Prefrontal:** La zona ubicada en la parte frontal del cerebro encargada de las funciones ejecutivas como son la atención, la concentración, la resolución de problemas, el control de impulsos y la fuerza de voluntad para posponer recompensas. Es un área inmadura en los niños y jóvenes, cuyo desarrollo se ve afectado por la hiperestimulación digital.
- **Dismorfia Corporal:** Trastorno de salud mental exacerbado por el uso de redes sociales y filtros de belleza, donde el joven desarrolla una preocupación obsesiva y angustiante por defectos percibidos en su apariencia física.
- **Dopamina:** Sustancia química (neurotransmisor) conocida como la hormona del placer y la motivación. El diseño de las redes sociales produce chispazos constantes de dopamina, lo cual puede generar adicción, alterando el sistema de recompensa y causando vacíos emocionales severos cuando los niveles descienden.
- **Efecto TikTok (Diseño Adictivo):** Modelo de retención de usuarios que utiliza dosis empaquetadas de información con luz, sonido y movimiento constantes. Este diseño impide la reflexión, personaliza el contenido mediante algoritmos y satura el cerebro de estímulos sin pausa, generando consumo compulsivo.
- **Gratificación Instantánea:** La satisfacción inmediata de un deseo sin necesidad de esfuerzo o espera, fomentada por la tecnología "a un

clic". Desde una perspectiva bíblica, la gratificación constante atrofia el fruto del Espíritu conocido como "templanza" o dominio propio (Gálatas 5:23), haciendo que el joven se quiebre ante los procesos de la vida real que requieren paciencia.

- **Huérfanos Digitales:** Término que describe a niños que tienen a sus padres físicamente presentes en casa, pero emocionalmente ausentes debido a que su atención está absorta en las pantallas.
- **Neuroplasticidad (Plasticidad Cerebral):** Es la extraordinaria capacidad que Dios le dio al cerebro para cambiar, adaptarse y crear nuevas conexiones neuronales a lo largo de toda la vida. Es nuestro mayor fundamento de esperanza; nos asegura científicamente que el daño causado por las pantallas puede revertirse y que un vínculo familiar roto puede sanar si se implementan nuevos hábitos de amor y conexión.
- **Padres Fantasma:** Adultos que, aunque comparten el mismo techo que sus hijos, no están verdaderamente conectados ni presentes en la dinámica familiar por estar atrapados en sus dispositivos digitales.
- **Recompensa Variable:** El mecanismo de diseño (tomado de las máquinas tragamonedas de los casinos) utilizado en el *scroll infinito* de las redes sociales. El cerebro del joven nunca sabe si el próximo video será aburrido o sumamente divertido; esa incertidumbre constante genera picos de dopamina que crean comportamientos compulsivos.
- **Sistema de Recompensa:** El mecanismo cerebral mediante el cual nos proponemos metas, nos esforzamos y logramos gratificación. El consumo digital excesivo atrofia este sistema, creando "drogodependientes emocionales" que exigen gratificación instantánea y desarrollan nula tolerancia a la frustración.
- **Tolerancia a la Frustración:** La capacidad emocional para gestionar el enojo, la tristeza o el estrés cuando las cosas no salen como uno quiere o cuando se debe esperar. Los jóvenes sobreexpuestos a las pantallas desarrollan una tolerancia casi nula, lo que resulta en rabietas, irritabilidad o ansiedad severa ante los desafíos

cotidianos.

II. Términos Técnicos y de Ciberseguridad

- **Algoritmo de Recomendación:** Es el complejo código matemático detrás de redes sociales y plataformas de video (como YouTube o TikTok) diseñado para predecir qué contenido te mantendrá enganchado. No busca educar ni informar, sino maximizar el tiempo de retención del usuario mostrándole contenido cada vez más afín a sus vulnerabilidades o intereses.
- **Cuentas Limitadas (Cabined Accounts):** Una excelente función de seguridad proactiva implementada por empresas de videojuegos (como Epic Games/Fortnite). Al detectar que un usuario es menor de edad, el sistema bloquea por defecto características peligrosas (como el chat de voz con desconocidos y las compras) hasta que un adulto proporcione su consentimiento explícito para desbloquearlas.
- **Defensa en Profundidad (Defense in Depth):** Estrategia de ciberseguridad corporativa adaptada al hogar que no depende de una sola barrera (como una simple app). Establece un sistema de seguridad por capas superpuestas, filtrando el tráfico a nivel de red, nivel de dispositivo y nivel de plataforma.
- **Deepfake (Falsificación Profunda):** Imágenes, audios o videos hiperrealistas generados mediante Inteligencia Artificial para mostrar a personas haciendo o diciendo cosas que nunca hicieron. Esta tecnología es utilizada frecuentemente por depredadores para la extorsión o el acoso, lo que exige una alfabetización digital urgente en el hogar.
- **Dirección IP (IP Address):** El número de identificación único que se asigna a cada dispositivo (celular, consola, computadora) cuando se conecta a la red. En el control parental a nivel de red, sistemas como

Pi-hole bloquean las amenazas deteniendo la petición y devolviendo una dirección IP nula (0.0.0.0).

- **Dirección MAC (MAC Address):** Es la "huella digital" física e irrepetible de la tarjeta de red de un dispositivo. En herramientas avanzadas, los padres utilizan la dirección MAC para identificar exactamente cuál es el teléfono o consola del menor y asignarle reglas de bloqueo específicas.
- **DNS (Domain Name System / Sistema de Nombres de Dominio):** Funciona como el directorio telefónico de internet. Traduce nombres web legibles (como *youtube.com*) en direcciones IP. Controlar el DNS (mediante Pi-hole o NextDNS) permite a los padres interceptar y bloquear el tráfico hacia sitios web nocivos antes de que carguen en la pantalla.
- **Endpoint (Dispositivo Final):** Hace referencia al aparato físico específico que utiliza el usuario, como un teléfono inteligente, tableta o computadora portátil. El software *endpoint* (como Qustodio o Bark) se instala directamente allí para establecer límites de tiempo y monitorizar la actividad local.
- **Expresiones Regulares (Regex):** Herramienta técnica avanzada que permite bloquear dominios web basándose en patrones de texto y no solo en listas fijas. Permite, por ejemplo, bloquear automáticamente cualquier sitio en internet que contenga una palabra nociva en su URL, interceptando ideologías o contenido explícito.
- **Extorsión Sexual Financiera (Sextorsión):** Un delito cibernético de rápido crecimiento donde depredadores u organizaciones criminales se ganan la confianza del menor, lo manipulan para que envíe imágenes íntimas y luego lo chantajean (amenazando con publicar las fotos a sus familiares o amigos) a cambio de dinero. Genera un nivel de angustia extrema que requiere comunicación abierta en el hogar para prevenir tragedias.
- **Filtro Contextual (o Semántico):** A diferencia de los filtros básicos que solo bloquean una lista de palabras malas, esta es una tecnología basada en Inteligencia Artificial (utilizada por herramientas

como Net Nanny o Bark) que "lee" y comprende el contexto de una página o mensaje. Puede distinguir, por ejemplo, entre un artículo educativo sobre biología y un foro con contenido inapropiado, reduciendo los bloqueos erróneos.

- **Grooming (Ciberengaño Pederasta):** Es el proceso de manipulación psicológica que utiliza un adulto en internet (frecuentemente a través de chats en videojuegos o redes sociales) para ganar la confianza de un menor y de su familia, con el fin de obtener concesiones sexuales o someterlo a extorsión.
- **IA Generativa (Inteligencia Artificial Generativa):** Sistemas tecnológicos avanzados capaces de crear contenido nuevo (texto, imágenes o video) a partir de instrucciones. Aunque tiene usos legítimos, su mal uso ha disparado exponencialmente la creación de material de abuso y la sofisticación de las extorsiones cibernéticas.
- **Inspección Profunda de Paquetes (DPI - Deep Packet Inspection):** Tecnología avanzada utilizada por firewalls físicos (como Firewalla) que analiza no solo la dirección web a la que se dirige el usuario, sino la naturaleza y el tipo de tráfico. Esto permite detectar y bloquear herramientas que los adolescentes usan para evadir filtros, como VPNs y proxies.
- **Loot Boxes (Cajas de Botín):** Dinámicas integradas en muchos videojuegos modernos que exigen micropagos con dinero real a cambio de recompensas virtuales aleatorias, introduciendo a los menores en dinámicas de apuestas que generan estrés y vulnerabilidad.
- **MDM (Mobile Device Management / Gestión de Dispositivos Móviles):** Funciones integradas nativamente en los sistemas operativos (como Apple Screen Time o Google Family Link) que permiten a los administradores (padres) restringir el uso de aplicaciones, rastrear ubicaciones y establecer tiempos de inactividad.
- **Microsegmentación (VLANs):** Práctica de red que divide la conexión Wi-Fi del hogar en subredes aisladas operando bajo la filosofía de "Confianza Cero" (Zero Trust). Permite colocar los

dispositivos de los niños en una red estrictamente controlada y los de los adultos en otra, previniendo que los menores usen aparatos no restringidos (como Smart TVs) para evadir las políticas.

- **Router / Enrutador:** El aparato físico (generalmente provisto por la compañía de internet) que dirige el tráfico de datos en el hogar y emite la señal Wi-Fi. Asegurar el enrutador es el primer paso para proteger la "puerta de la ciudad", ya que controla todo el tráfico entrante y saliente.
- **SafeSearch (Búsqueda Segura):** Directiva técnica que obliga a los motores de búsqueda (como Google, Bing o Yahoo) y plataformas de video (YouTube) a filtrar, ocultar y eliminar automáticamente imágenes, resultados y videos de carácter sexual explícito o adulto de sus búsquedas.
- **Scroll Infinito (Desplazamiento Infinito):** Característica de diseño de las redes sociales que carga contenido continuamente a medida que el usuario desliza la pantalla hacia abajo, eliminando las pausas naturales. Esta táctica fomenta la interacción compulsiva, reteniendo al usuario en un estado de consumo pasivo y adictivo.
- **Sexting:** El acto de enviar, recibir o reenviar mensajes, fotografías o videos de contenido sexual explícito a través de teléfonos móviles. Herramientas con análisis visual inteligente (como Canopy) están diseñadas específicamente para prevenir esta práctica interceptando las imágenes antes de ser visualizadas.
- **Sumidero DNS (DNS Sinkhole):** Servidor local (como Pi-hole) o en la nube (como NextDNS) que intercepta las peticiones de navegación de toda la red. Si el dominio solicitado pertenece a una "lista de bloqueo" (Adlists), el sumidero detiene la petición y devuelve una dirección nula, bloqueando el contenido malicioso antes de que se transmita a la pantalla.
- **Tiempo de Inactividad (Downtime / Bedtime):** Una función crítica dentro de los sistemas de gestión parental (como Apple Screen Time o Google Family Link) que permite a los padres programar un "apagón" automático del dispositivo en horarios específicos (como la

hora de dormir), garantizando el descanso cognitivo necesario para el desarrollo saludable del menor.

- **Trolling:** Fenómeno de hostigamiento y ciberacoso dentro de ecosistemas digitales (como videojuegos), ejecutado a menudo por adolescentes para humillar a otros por su apariencia, habilidades o estilo de vida, induciendo estrés crónico y aislamiento.
- **VPN (Virtual Private Network / Red Privada Virtual):** Una herramienta técnica que crea un "túnel" cifrado en internet, ocultando la ubicación y el tráfico del usuario. Los adolescentes con conocimientos técnicos suelen utilizarlas para evadir los controles parentales básicos y los filtros de la red doméstica. Para combatirlo, se requieren firewalls con Inspección Profunda de Paquetes (DPI) o proveedores de telefonía celular como Radiant Mobile .
- **Zero Trust (Confianza Cero):** Un principio avanzado de ciberseguridad utilizado por cortafuegos físicos (como Firewalla). Se basa en la idea de que no se debe confiar por defecto en ningún dispositivo conectado a la red. Permite a los padres aislar los teléfonos o consolas de los niños en su propia "burbuja" de red, evitando que las amenazas de sus aparatos afecten las computadoras de trabajo de los adultos.

Bibliografía y Fuentes de Referencia

I. Literatura sobre Crianza, Psicología y Neurociencia

Esta sección recopila las obras de los psiquiatras, psicólogos e investigadores citados para sustentar los conceptos de neuroplasticidad, teoría del apego y dinámicas familiares:

- **Brown, Brené.** *Daring Greatly: How the Courage to Be Vulnerable Transforms the Way We Live, Love, Parent, and Lead*. (2012). (Referencia sobre vulnerabilidad parental y confianza).
- **Brown, Stuart.** *Play: How It Shapes the Brain, Opens the Imagination, and Invigorates the Soul*. (Referencia sobre el desarrollo cerebral a través del juego analógico).
- **Chapman, Gary.** *Los 5 Lenguajes del Amor* (1992). (Referencia sobre la intencionalidad del amor en las rutinas familiares).
- **Haidt, Jonathan.** *The Anxious Generation: How the Great Rewiring of Childhood Is Causing an Epidemic of Mental Illness*. (2024). (Datos sobre la reconfiguración de la infancia y la epidemia de salud mental).
- **Neufeld, Gordon & Maté, Gabor.** *Hold On to Your Kids: Why Parents Need to Matter More Than Peers*. (2004). (Origen del concepto de "Huérfanos Digitales" y teoría del apego).
- **Rojas Estapé, Marian.** *El efecto TikTok*. (Material clínico y de audio sobre el desgaste de la corteza prefrontal, el sistema de recompensa y la gratificación instantánea).
- **Sax, Leonard.** *The Collapse of Parenting*. (Origen del concepto de "Padres Fantasma").
- **Siegel, Daniel J. & Hartzell, Mary.** *Parenting from the Inside Out*. (Desarrollo del apego seguro y reparación de vínculos).

- **Siegel, Daniel J.** *The Whole-Brain Child: 12 Revolutionary Strategies to Nurture Your Child's Developing Mind.* (2011). (Conceptos de sintonía emocional y la "mirada de restauración").
- **Twenge, Jean M.** *iGen: Why Today's Super-Connected Kids Are Growing Up Less Rebellious, More Tolerant, Less Happy.* (Investigación sobre el aislamiento digital y el bienestar emocional).

II. Estudios Clínicos, Informes y Datos Epidemiológicos

Documentos e investigaciones de instituciones públicas y de salud que respaldan las advertencias epidemiológicas del libro:

- **Academia Americana de Pediatría (AAP).** *Digital Ecosystems, Children and Adolescents* (2026). (Guías sobre ecosistemas digitales y recomendaciones de tiempo de pantalla).
- **Estudio ABCD (Adolescent Brain Cognitive Development).** Financiado por el NIH y publicado en *BMC Public Health* (2024). (Investigación sobre consumo pasivo vs. desarrollo cognitivo).
- **London School of Economics (LSE) / Taylor & Francis.** *Metaanálisis sobre controles parentales.* (Estudio científico que demuestra el efecto negativo del monitoreo parental en secreto frente al monitoreo transparente).
- **National Center for Missing & Exploited Children (NCMEC).** *2024 in numbers: Sextorsión y reportes de IA.* (Cifras sobre la escalada de abuso infantil generado por inteligencia artificial).
- **Oficina del Cirujano General de Estados Unidos (HHS) - Dr. Vivek Murthy.** *Surgeon General Advisory: Social Media and Youth Mental Health.* (Declaración oficial sobre el riesgo epidemiológico de las redes sociales).
- **Pew Research Center.** *Teens, Social Media and Technology* (2024). (Estadísticas sobre horas de uso y notificaciones diarias).

- **REDIM.** *MOCIBA 2024*. (Reporte sobre el ciberacoso en adolescentes y sus consecuencias).
- **World Economic Forum.** *Emerging harms digital world* (2025).

III. Documentos Legales, Legislación y Noticias de la Industria

Fuentes que respaldan las afirmaciones legales sobre el diseño corporativo adictivo y la responsabilidad civil de las plataformas:

- **El Juicio contra Meta y YouTube (Nuevo México, Febrero 2026):** Caso histórico (K.G.M.) donde un jurado determinó negligencia corporativa por diseño de productos adictivos.
- **Investigación Interna de Meta (Documentos filtrados):** Repositorio de los documentos expuestos durante litigios sobre el conocimiento previo de los daños algorítmicos. metasinternalresearch.org
- **Legislación TAKE IT DOWN Act:** Documentación de la firma Skadden sobre legislaciones impulsadas en mayo de 2025 frente a los riesgos del mundo digital.

Agradecimientos

A Dios, el Arquitecto de la Familia: Mi primer y más profundo agradecimiento es para mi Padre Celestial. Gracias por derramar sobre mi vida la sabiduría, el discernimiento y la perseverancia necesarios para emprender y culminar este proyecto. En cada momento de cansancio técnico o de confrontación pastoral, Tu Espíritu Santo fue la fuente inagotable que guió mi investigación y renovó mi entendimiento. Este libro te pertenece; que sea una herramienta útil para volver los corazones de los padres hacia sus hogares.

A mi esposa, Sandra Giraldo: A ti, mi compañera idónea, mi socia en el propósito y el amor de mi vida. Gracias por tu apoyo incondicional en cada etapa de esta travesía. Tu paciencia, tu fe y tu sabiduría práctica sostuvieron mi mente y mi ánimo cuando tal vez pensaba en desistir de esta misión de mostrar a otros padres cómo tener más presencia activa en el mundo digital de sus hijos. Gracias por creer en la urgencia de este mensaje y por ser el pilar de gracia que mantiene nuestra propia cerca de amor firme.

A mis hijos, Juan Sebastián y Violeta Jaramillo: Ustedes son, sin duda, mi más grande motor, mi constante fuente de inspiración y la razón de ser de lo que aquí está escrito. Gracias por su infinito amor y por su generosidad al sacrificar valiosos tiempos familiares para permitirme concentrarme en la culminación de este libro. Pero, por sobre todas las cosas, gracias por el regalo de su perdón ante mis errores como padre. Aprender a pastorear sus corazones en este siglo cambiante ha sido mi mayor escuela. Mi anhelo más ferviente es que este libro, y las verdades que en él aplicamos dentro de nuestra casa, actúen como el arca que construyó Noé: un santuario seguro y consagrado, levantado en obediencia a Dios, donde toda mi familia pueda estar a salvo de las corrientes de muerte, aislamiento y vacío que inundan el mundo actual.

A mi madre, Alix Villegas: Aunque ya no se encuentra presente en este plano terrenal y descansa en la gloriosa presencia del Señor, su legado respira en cada rincón de mi carácter. Gracias, mamá, porque a través de tu ejemplo inquebrantable de lucha, tu profunda amistad y tu entrega, me instruiste con ternura y firmeza en los caminos de Dios. Fuiste, eres y siempre serás mi más fiel admiradora, y sé que tu siembra de fe ha florecido en la obra de Dios en mi vida hoy.

A mi hermana, María Elena Jaramillo: Gracias por el hermoso regalo de tu compañía durante los días compartidos de nuestra infancia. Tu presencia en mi vida está marcada por un hito espiritual incalculable, tu fuiste la primera persona que dobló sus rodillas y elevó una oración ferviente al cielo para que yo conociera el camino hacia Dios.

Acerca del Autor

Carlos Andrés Jaramillo Villegas es un apasionado Ingeniero de Software, educador y líder familiar radicado en New Jersey. Con más de 15 años de experiencia en el desarrollo de sistemas de información complejos (Full-Stack) y conocimientos en Inteligencia Artificial; Carlos conoce desde adentro la arquitectura y cómo funcionan los algoritmos y los mecanismos tecnológicos que moldean el mundo digital de hoy.

Su vocación por enseñar y guiar a otros lo llevó a acumular más de 13 años de experiencia como educador, destacándose su labor durante 11 años como instructor en el SENA en Colombia, donde formó a cientos de jóvenes en el desarrollo de software y tecnología. Actualmente es el fundador de *New Master Solutions LLC*, desde donde desarrolla proyectos de automatización e inteligencia artificial.

Sin embargo, sus títulos más preciados no los otorgan la industria tecnológica ni la academia. Cristiano bautizado hace 20 años, Carlos sirve a Dios con la convicción de que la fe debe ser el lente a través del cual analizamos la cultura moderna. Al comprender íntimamente cómo la tecnología compite por la atención humana, sintió el llamado de Dios a levantar un muro de contención y sabiduría para las familias interesadas en proteger las mentes de sus hijos, traduciendo conceptos técnicos complejos en estrategias pastorales y prácticas.

Carlos está felizmente casado con su esposa, Sandra Giraldo, su mayor apoyo y compañera de ministerio. Juntos son padres de dos hermosos hijos, Juan Sebastián y Violeta. Ellos son el motor principal de su vida y la verdadera inspiración detrás de *Corazones Conectados*. Su mayor anhelo es equipar a otros padres para que, guiados por el Espíritu Santo, puedan construir un arca de amor y protección en sus propios hogares, asegurando que la próxima generación camine firme en los propósitos de Dios.

Acerca del Autor